普通化学实验

刘　霞　主编

科学出版社
北　京

内 容 简 介

本书主要包括绪论、化学实验基本知识、实验基本操作训练、基本理论实验、元素性质实验及综合、设计实验等内容。本书注重理论与实验相结合，每部分内容与普通化学理论知识密切相关，根据具体教学内容可分别作为必做或选做实验。书后还附有普通化学常用参数、常数表等。

本书可作为高等农林院校本科生的实验教材，适合化学、生物、环境等专业学生使用，也可供相关科研和技术人员学习、参考。

图书在版编目(CIP)数据

普通化学实验 / 刘霞主编. —北京：科学出版社，2014. 9
ISBN 978-7-03-041849-4

Ⅰ. ①普… Ⅱ. ①刘… Ⅲ. ①化学实验-高等学校-教材 Ⅳ. ①O6-3

中国版本图书馆 CIP 数据核字(2014)第 207721 号

责任编辑：赵晓霞 / 责任校对：刘小梅
责任印制：赵 博 / 封面设计：迷底书装

科学出版社 出版
北京东黄城根北街 16 号
邮政编码：100717
http://www.sciencep.com

保定市中画美凯印刷有限公司印刷
科学出版社发行 各地新华书店经销

*

2014 年 9 月第 一 版 开本：720×1000 1/16
2025 年 2 月第十一次印刷 印张：7 3/4
字数：154 000

定价：25.00 元

(如有印装质量问题，我社负责调换)

《普通化学实验》编写委员会

主　编　刘　霞

编　委（按姓名汉语拼音排序）

李　静	李佳奇	刘　霞
彭庆蓉	饶震红	张　莉
张春荣	张三兵	郑　冰

前　言

普通化学实验是高等农林院校各专业本科生必修的一门重要的基础课程。根据新修订教学大纲的要求，结合多年的教学实践，中国农业大学理学院无机教研室教师共同策划，编写了本书。

本书在 2007 年出版的《普通化学实验》基础上进行修改，并增加了 3 个新的实验，目的是拓宽学生的视野和知识面。本书作为普通化学课程的配套教材，在内容的编写上力求简明扼要，由浅入深，循序渐进，特别注重强调“双基”能力的培养和训练。本书包括六部分内容：绪论，化学实验基本知识，实验基本操作训练，基本理论实验，元素性质实验及综合、设计实验。本书共列出 22 个实验，其中 5 个为综合、设计实验，通过该部分实验培养学生的思维能力和创新能力。使用本书时应视各校、各专业的实际教学情况来选定具体的实验内容，而实验教学的安排可不受实验编排序号的限制。

本书由刘霞担任主编。参加本书编写的有刘霞（第 1 章、第 2 章、第 3 章的实验二至七，第 4 章的实验八、十一至十四，第 5 章的实验十六、十七，第 6 章的实验二十至二十二），张莉（第 3 章的实验一），郑冰（第 3 章的实验三），张三兵（第 4 章的实验九），李静（第 4 章的实验十、十一），李佳奇（第 4 章的实验十二），彭庆蓉（第 4 章的实验十五），张春荣（第 5 章的实验十六、十七），饶震红（第 6 章的实验十八、十九）。全书由刘霞统稿。

在本书的编写过程中，得到科学出版社的大力支持和帮助，在此表示衷心的感谢。

本书的编写参考和引用了大量的文献，在此对文献作者表示诚挚的感谢。

由于编者水平有限，书中难免有疏漏和不妥之处，恳请广大读者和专家批评指正。

编　者

目　　录

第1章 绪 论

1.1 明确实验目的

化学是一门实验性极强的学科。化学中的定律和学说源于实验，同时又被实验所检验，可以说没有实验就没有化学。

普通化学和普通化学实验是农林院校各专业本科生的必修基础课。通过普通化学实验，可加深学生对化学基础知识和基本理论的理解和掌握；促使学生正确掌握实验的基本操作方法并掌握基本实验技能；培养学生独立工作和独立思考的能力；培养学生实事求是、一丝不苟的科学态度，细致、整洁和准确的科学习惯；培养学生团结协作、吃苦耐劳、开拓创新的科学精神。

通过普通化学实验，学生可以逐步掌握科学研究方法，为后续课程的学习和科学研究打下坚实的基础。

1.2 掌握实验学习方法

1. 预习

为了使实验达到预期的效果，在实验之前必须做好充分的预习和准备。预习除了要阅读实验教材、教科书及相关理论知识的参考资料，明确实验目的，了解实验内容、步骤和注意事项外，还需查好相关数据，并撰写预习报告。

若发现学生预习不够充分，教师可让学生停止实验，要求熟悉实验内容之后再进行实验。

2. 实验

著名化学家戴安邦先生认为："化学实验是实施全面化学教育的最有效的教学形式"，"化学实验再怎么强调都不为过"。可见化学实验在化学学习和研究中起着十分重要的作用。实验时应做到以下几点：

(1) 认真操作，细致观察，及时如实地做好记录。

(2) 勤思考，仔细分析，力求独立解决问题。遇到难以解决的问题，请教师指导。

(3) 若发现实验现象与理论不符合，应首先尊重实验事实，认真分析和查找原因并予以排除，从而得到有益的科学结论。

(4) 在实验过程中保持肃静，严格遵守实验室规则。

3. 实验报告

实验报告是对实验现象进行解释并作出结论，或对实验数据进行处理和计算。实验报告一般包括实验目的、实验原理、实验步骤和现象、实验数据的处理、结论和讨论。

书写实验报告要求字迹工整，文字精练，图表规范，数据处理科学，讨论认真，结论正确。关于实验步骤的描述不可照抄书本上的实验步骤，应对所做的实验内容作概要的描述。

下面列举几种不同类型的实验报告格式，仅供参考。

化学测定实验报告

实验题目____________________室温______________气压______________

专业______________　姓名______________　日期______________

测定原理：

数据记录：

结果处理：

问题与讨论：

指导教师签名：______________

化学合成实验报告

实验题目________________室温____________气压____________

专业____________ 姓名____________ 日期____________

基本原理：

实验过程及现象：

实验结果：

产品外观：

产量：

产率：

问题与讨论：

指导教师签名：________________

化学性质实验报告

实验题目____________________室温_______________气压_______________

专业_______________ 姓名_______________ 日期_______________

实验内容	实验现象	结论与解释

指导教师签名：_______________

第 2 章　化学实验基本知识

2.1　实验室规则

为了保证普通化学实验有秩序地进行，防止意外事故的发生，学生必须严格遵守实验室规则。

(1) 实验前做好预习，并检查实验所需的药品、仪器是否齐全。

(2) 实验中保持肃静，不准大声喧哗，不迟到，不早退。不得无故缺课，因故缺课未做的实验应补做。

(3) 实验时集中精神，认真操作，仔细观察，如实做记录。

(4) 爱护公共财物，小心使用仪器和实验设备，注意节约水、电和煤气。如损坏仪器，必须及时登记补领。

(5) 严格按操作规程使用精密仪器，避免粗心大意而损坏仪器。如发现仪器有故障，应立即停止使用，报告教师，及时排除故障。

(6) 保持实验台面的整洁，火柴梗、废纸等固体废物应倒入垃圾箱内，不得丢入水槽中，以防堵塞下水管道。废酸和废碱应分别倒入指定的废液缸中。

(7) 按规定的量取用药品，节约药品。称取药品后，要及时盖好瓶盖，放在指定位置上的公共药品不得擅自拿走。

(8) 实验结束后，洗净所用的仪器并整齐地摆放到实验柜内，清洁实验台面。

(9) 实验后，学生轮流值日，负责打扫和整理实验室，检查水龙头是否关紧、电源是否切断，关闭窗户。

(10) 不得做规定以外的实验。如实验过程发生意外事故，需保持镇静，勿惊慌失措。遇有烫伤、烧伤、割伤等应立即报告教师，以便得到急救和治疗。

2.2　化学实验室安全规则

做化学实验时经常使用玻璃仪器，化学药品中很多是易燃、易爆、有毒和腐蚀性的。因此必须掌握安全知识，加强安全防范意识，严格遵守实验室的安全规则。

(1) 在实验室内禁止饮食、吸烟，禁止携带食具。实验结束后应洗手。

(2) 禁止用湿润的手、物接触电源。水、电、煤气使用完毕立即关闭。点燃的火柴用后立即熄灭，切勿乱扔。

(3) 不得随意混合各种化学药品，以免发生意外事故。

(4) 使用浓 HNO_3、浓 HCl、浓 H_2SO_4，以及反应中产生有毒或腐蚀性气体如 Cl_2、H_2S 等的实验必须在通风橱内进行。

(5) 试管加热时，切记不可将试管口对着自己或他人，也不要俯视正在加热的液体，以防液体溅出被烫伤。

(6) 浓酸、浓碱具有强腐蚀性，切勿溅到皮肤和衣服上，以免腐蚀致伤。

(7) 一些有机溶剂如乙醚、乙醇、丙酮等极易引燃，使用时必须远离明火，使用完毕立即盖紧瓶塞。

(8) 嗅闻气体时，不要俯向容器口，而是用手将少量的气体轻轻地扇向自己的鼻孔。

(9) 有毒药品如重铬酸钾、铅盐、钡盐、汞盐和氰化物，用过后切勿倒入下水道，要集中处理。银氨溶液不能留存，因久置后会变成氮化银而爆炸。

(10) 实验室所有的药品禁止带出实验室，所剩的有毒药品实验结束后必须交还给教师。

2.3　化学实验室事故的处理

1. 创伤、玻璃划伤

若被玻璃划伤，应先把伤口处的玻璃挑出来。轻伤用双氧水、硼酸洗净伤口，涂上紫药水、碘酒或红汞，必要时撒上消炎粉或敷些消炎膏，用绷带包扎。伤势严重，流血不止时，用纱布在伤口上部约 10cm 处扎紧，压迫止血，随即送到医院。

2. 酸腐伤

先用大量的水冲洗，然后用饱和 Na_2CO_3 溶液、稀氨水或肥皂水冲洗，最后再用水冲洗。如酸溅到眼睛中，立即用大量水冲洗，再送到医院。

3. 碱腐伤

先用大量的水冲洗，再用 2% 乙酸溶液或饱和硼酸溶液冲洗，最后再用水冲洗。如碱溅到眼睛中，立即用大量水冲洗，再用硼酸冲洗。

4. 溴腐伤

用苯或甘油洗涤伤口，再用水冲洗。

5. 烫伤

不要用冷水冲洗。轻伤者涂以鞣酸油膏，重伤者涂以烫伤油膏后送往医院。

6. 磷灼伤

用 1%的 $AgNO_3$、5%的 $CuSO_4$ 或浓的 $KMnO_4$ 溶液洗涤伤口，然后用浸过 $CuSO_4$ 的绷带包扎。

7. 吸入刺激性或有毒气体

吸入 Cl_2、HCl 气体时，可吸入少量乙醇和乙醚的混合蒸气来解毒。吸入 H_2S、CO 气体感到不适时，应马上到室外呼吸新鲜空气以解毒。

8. 毒物入口

毒物尚未咽下，应立即吐出来，用大量水冲洗口腔；如已咽下，内服稀 $CuSO_4$ 溶液，用手指伸入咽喉催吐后，立即送往医院。

9. 触电

立即切断电源。必要时再进行人工呼吸。

10. 起火

起火后，为防止火势蔓延，要立即切断电源、移走易燃药品。同时针对起火原因立即采取措施灭火。火势小时采用湿布、石棉布或沙子覆盖燃烧物即灭火；火势大时，可使用泡沫灭火器灭火。电器设备引起的火灾，先切断电源，然后用二氧化碳或四氯化碳灭火器灭火。衣服着火时，切勿奔跑，应立即倒在地上打滚，或赶快脱下衣服，用石棉布覆盖着火处。

2.4　化学实验室“三废”的处理

实验室经常会产生有毒气体、液体和固体，这些有毒气体、液体和固体如果不经处理就直接排放到空气中或下水道，不仅污染环境，还威胁人体健康。因此必须对实验室产生的有毒有害物质进行相应处理。

1. 废气的处理

实验产生及使用少量有毒气体的实验必须在通风橱中进行，通过排风设备将少量的有毒气体排放到室外。若涉及大量毒气的实验则必须备有吸收或处理装置，如 H_2S、Cl_2、NO_2 等可用导管通入碱液中，经吸收后再排出。一些可燃的有毒气体可通过点燃方法转变成无毒气体，如 CO 经点燃转化成 CO_2。

2. 废液的处理

普通实验的废液多为废酸，废酸需倒入废液缸中。废液缸中的废酸先用耐酸塑料网纱或玻璃纤维过滤，滤液用碱中和，调溶液的 pH 为 6～8 后就可以排放，少量的滤渣埋在地下。

大量的废铬酸洗液用高锰酸钾氧化法使其再生后继续使用。少量的废铬酸洗液可加入废碱液或石灰使其生成 $Cr(OH)_3$ 沉淀，再将沉淀废渣埋在地下。

含有重金属离子的废液需加入碱或 Na_2S，使其与重金属离子反应生成难溶性的氢氧化物或硫化物，再过滤分离，少量残渣埋在地下。

少量的含氰化物的废液，先用强碱调至溶液的 $pH>10$，再加入少量高锰酸钾使 CN^- 氧化分解。大量的含氰化物的废液则用碱性氯化法处理，先用碱调至溶液的 $pH>10$，再加入次氯酸钠使 CN^- 氧化成氰酸盐，最终分解为 CO_2 和 N_2。

3. 废渣的处理

处理废渣主要采取掩埋法。有毒的废渣必须先进行化学处理后，按规定深埋在指定地点。无毒废渣可直接掩埋，掩埋地点应有记录以作备案。

第 3 章　实验基本操作训练

实验一　常用化学实验仪器简介

一、实验目的

(1) 熟悉化学实验常用仪器，熟悉其名称、规格、用途，了解其使用注意事项。

(2) 领取普通化学实验所需要的仪器。

二、常用化学实验仪器

化学实验常用到玻璃、瓷质、金属类等器皿，见表 3-1。按用途可分为容器类、量器类和其他器皿类；按能否受热分为加热类和不宜加热类。量器类的器皿是不能加热的。

表 3-1　常用化学实验仪器简介

仪器名称	规格	用途	使用注意事项
 试管	规格以容量(mL)表示	盛放液体、作反应器、用于加热物质等	加热前试管壁要擦干，加热时勿将管口对人，不能骤冷
 离心管	规格以容量(mL)表示	用于分离少量沉淀	可用水浴加热，不能用明火直接加热
 试管夹	由木料、钢丝或塑料制成	夹持试管用	防止烧损或锈蚀

续表

仪器名称	规格	用途	使用注意事项
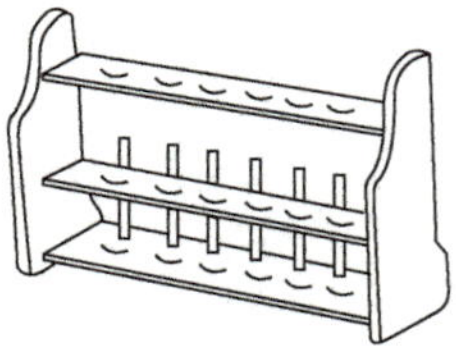 试管架	木质、铝质和塑料质等，有大小不同、形状各异的多种规格	盛放试管用	
 烧杯	玻璃质，规格以容量(mL)表示	用作反应物量较多时的反应容器，也用作配制溶液时的容器，或简便水浴的盛水器	加热时烧杯外壁不能有水，要放在石棉网上，先放溶液后加热，加热后不可放在湿物上
 量筒	玻璃质，规格以最大容量(mL)表示。上口大，下端小的称为量杯	用于粗略量取一定体积的溶液	不能加热，不能量热的液体，不能用作反应容器
 锥形瓶	玻璃质，规格以容量(mL)表示	用作反应容器，振荡方便，适用于滴定操作	加热时锥形瓶外壁不能有水，要放在石棉网上加热
 药匙	牛角、塑料或铁质	取固体(粉末或小颗粒)药品	用前洗净擦干
 酒精灯		用于加热	加热时要用外焰，熄灭时要用盖盖灭，不能吹灭
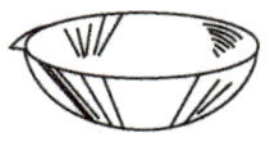 蒸发皿	瓷质、石英和铂质，规格以容量(mL)表示	用于蒸发溶剂或浓缩溶液	可直接加热，但不能骤冷。蒸发溶剂时不可加得太满，液面应距边缘1cm以上
 表面皿	玻璃质，规格以直径(mm)表示	盖在烧杯或蒸发皿上，以防液体溅出和灰尘落入	不能用火直接加热

续表

仪器名称	规格	用途	使用注意事项
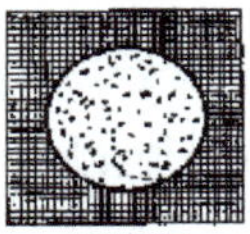 石棉网	由细铁丝编成，中间涂有石棉，有大小之分	放在受热仪器和热源之间，使受热均匀缓和	用前检查石棉是否完好，不能与水接触
 泥三角	编制铁丝上套耐热瓷管，有大小之分	将坩埚或蒸发皿放置其上，直接用火加热	铁丝断了不能再用；灼烧后的泥三角应放在石棉网上
 三脚架	铁质，有大小、高低之分	放置较大或较重的加热容器，作为石棉网及仪器的支撑物	要放平稳
 坩埚	有瓷、石英、铁、镍、铂及玛瑙等材质，规格以容量(mL)表示	用于灼烧固体。随固体性质不同选用不同材质的坩埚	可直接用火加热至高温，加热后的坩埚应放在石棉网上，不能骤冷
 坩埚钳	铁质，有大小之分	夹持热的坩埚、蒸发皿等	防止与酸性溶液接触，生锈，轴不灵活
 铁架台	铁质	用于固定玻璃仪器	固定仪器时，仪器和铁架台的重心应在铁架台底座中间
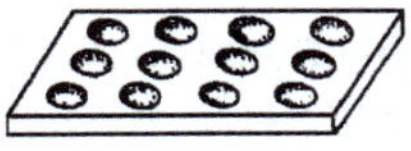 点滴板	瓷质，上面有凹穴，有 9 穴、6 穴，有白色和黑色两种	用于点滴反应，不需分离的显色反应	根据产物颜色的不同选用不同颜色的点滴板

续表

仪器名称	规格	用途	使用注意事项
 滴瓶	玻璃质，有无色和棕色两种，规格以容量(mL)表示	盛放少量液体药品	不能用火直接加热
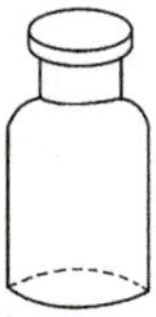 广口瓶	分装各种试剂，需要避光保存时用棕色瓶。规格以容量(mL)表示	盛放固体药品	不能直接加热，瓶塞不能互换
 细口瓶	分装各种试剂，需要避光保存时用棕色瓶。规格以容量(mL)表示	盛放液体药品	不能直接加热，瓶塞不能互换，盛放碱液时要用橡皮塞
 干燥器	玻璃质，规格以外径(mm)表示大小，分普通干燥器和真空干燥器	保持烘干及灼烧后的物质的干燥；干燥制备的样品	底部放干燥剂，灼烧后样品稍冷却后放入
  滴管 玻璃棒	滴管由玻璃尖管和胶皮帽组成	滴管用于吸取少量溶液，玻璃棒用于搅拌	胶皮帽老化后应及时更换
 漏斗	一般为玻璃质，规格以口径(mm)表示大小，有长颈和短颈之分	用于过滤等操作	不能直接加热，根据沉淀量选择漏斗大小
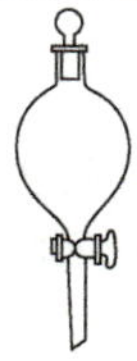 分液漏斗	规格以容量(mL)表示，球形为长颈，锥形为短颈	分开两相液体，用于萃取分离和富集	磨口必须原配，活塞要涂凡士林，长期不用时磨口处垫一张纸

续表

仪器名称	规格	用途	使用注意事项
 吸滤瓶　布氏漏斗	布氏漏斗为瓷质，规格以容量(mL)和口径大小表示。吸滤瓶为玻璃质，规格以容量(mL)表示	二者配套使用，用于沉淀的减压过滤	滤纸要略小于漏斗的内径才能贴紧
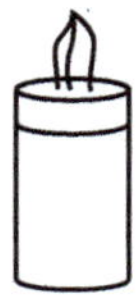 称量瓶	玻璃质，规格以容量(mL)或瓶高(mm)表示	用于准确称量一定质量的样品	称量时不能直接用手拿取，应戴指套或垫洁净纸条拿取
 容量瓶	玻璃质，有无色和棕色之分，规格以容量(mL)表示	用于配制准确体积的标准溶液或待测溶液	不能直接加热，应保持磨口原配
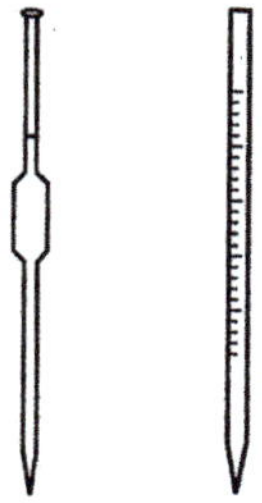 移液管　刻度吸量管	玻璃质，规格以容量(mL)表示	用于准确移取一定体积的溶液	不能加热
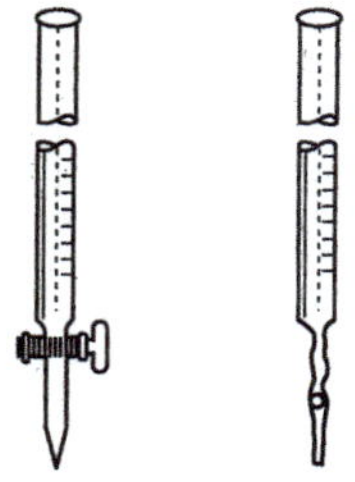 酸式滴定管　碱式滴定管	规格以容量(mL)表示，分酸式和碱式两种，有无色和棕色之分	用于容量分析滴定操作	不能加热或量取热的液体，使用前应检漏，并排出其尖端气泡。酸式和碱式滴定管不能互换使用

三、认领仪器

领取普通化学实验所需要的仪器,并填写下表。

仪器名称	规格	数量

实验二　玻璃仪器的洗涤和干燥

一、实验目的

了解玻璃仪器的洗涤和干燥方法。

二、玻璃仪器的洗涤

化学实验经常使用各种玻璃仪器，使用时要求仪器必须干净，否则会影响实验结果的准确性，所以使用前必须对仪器进行洗涤。洗涤仪器有很多方法，应根据实验的要求、污物性质和仪器被沾污的程度，选择不同的洗涤液和洗涤方法。

1. 洗涤液

常用的洗涤液有水、洗衣粉、肥皂、去污粉及合成洗涤剂、铬酸洗液。

铬酸洗液：铬酸洗液是由浓硫酸和重铬酸钾配制而成的暗红色液体，具有很强的酸性和很强的氧化性，对有机物和油污的去污能力特别强。配制铬酸洗液是将 25g $K_2Cr_2O_7$ 溶于 50mL 水中，加热溶解，冷却后，向溶液中缓慢加入 450mL 浓 H_2SO_4，边加边搅拌，冷却后储于磨口细口瓶中。铬酸洗液用后应倒回瓶内，供反复使用，当溶液颜色变成绿色，表明已经失效，不能继续使用。

附着在仪器上的污物既有可溶性的物质、灰尘，还有不溶性物质、有机物质和油污等。在洗涤仪器时，应根据黏附在器壁上污物的性质“对症下药”。处理不同污物的洗涤液见表 3-2。

表 3-2　处理不同污物的洗涤液

污物	洗涤液
可溶于水的污物、灰尘等	自来水
不溶于水的污物	洗衣粉、肥皂、合成洗涤剂
油污、有机物	热的纯碱洗液、有机溶剂、铬酸洗液、碱性高锰酸钾洗液
高锰酸钾污垢	草酸溶液
碘迹	用 KI 溶液浸泡，温热的稀 NaOH 或 $Na_2S_2O_3$ 溶液
铜迹、银迹	硝酸
黏附的硫黄	煮沸的生石灰水
氧化性污物(如 MnO_2、铁锈)	浓盐酸、草酸溶液
硫酸钠或硫酸氢钠固体残留物	沸水溶解，趁热倒掉
蒸发皿和坩埚上的污迹	浓硝酸或王水
瓷研钵内的污迹	加少量的食盐在研钵内研洗，倒掉食盐后，再用水洗

2. 洗瓶

洗瓶是在实验室用于盛装蒸馏水或去离子水，并配有发射细液流的容器。分为吹出型和挤压型两种。吹出型由平底玻璃烧瓶，瓶口装置的一短吹气管和长的出水管组成；挤压型由塑料细口瓶和瓶口装置的出水管组成。实验室常用的洗瓶是塑料洗瓶(红嘴洗瓶)，见图 3-1。

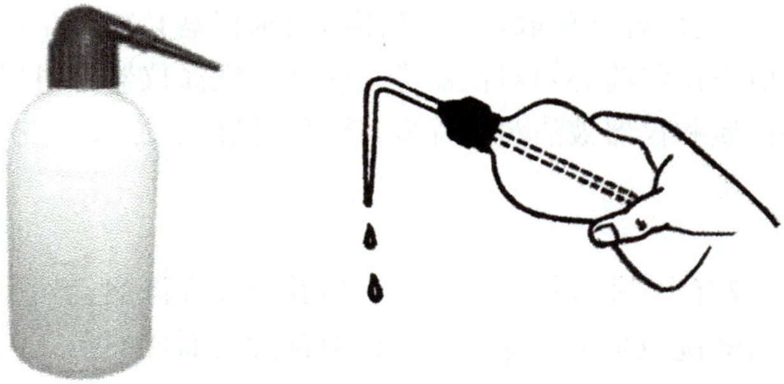

图 3-1　塑料洗瓶及其使用

洗瓶用于溶液的定量转移、沉淀的洗涤及转移和仪器的洗涤，用水量少而且效果好。用塑料洗瓶洗涤仪器的方法是挤压洗瓶向仪器内壁注入少量水，注入水的同时，转动仪器或变换洗瓶水流方向，使水能充分淋洗仪器内壁，每次淋洗水的用量不宜太多，以少量多次为原则。

3. 玻璃仪器的洗涤方法

(1) 振荡水洗。仪器污物为可溶性的物质或灰尘时，可直接用自来水洗涤。向容器内注入约占容量 1/3 的水，稍用力振荡片刻，把水倒掉，再装水振荡，倒掉，如此反复操作数次，直至将水倒出后，仪器内壁被水均匀分布，不挂水珠，最后用蒸馏水淋洗 2～3 次，见图 3-2。

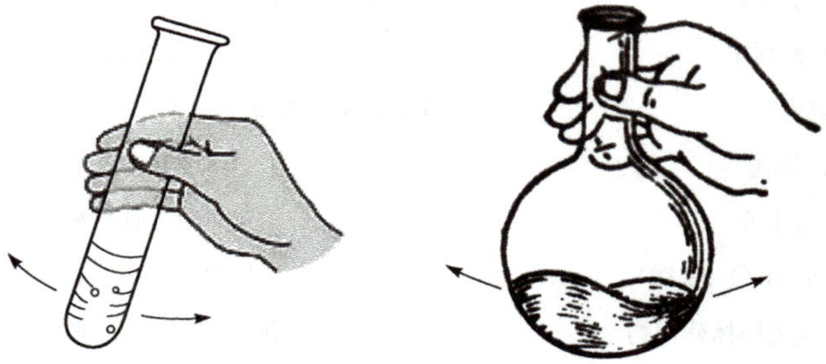

(a) 试管的振荡　　(b) 烧瓶的振荡

图 3-2　振荡水洗

(2) 毛刷刷洗。用自来水洗涤后,器壁上仍挂有水珠,表明容器内有不溶于水的油污或有机物等污物。这就需要用洗衣粉、去污粉或合成洗涤剂通过毛刷刷洗。洗涤时,先用少量的自来水润湿器壁,用毛刷蘸取少量的洗衣粉、去污粉等刷洗容器的内外壁,见图 3-3。刷洗时要选用大小合适的毛刷,不能用力过猛,以免损坏仪器。刷洗后,用水连续振荡数次,最后用蒸馏水淋洗 2～3 次。若油垢和有机物洗不掉,可改用热的碱液洗。但移液管、滴定管等量器不宜用强碱液洗,以防止玻璃受腐蚀影响其准确性。

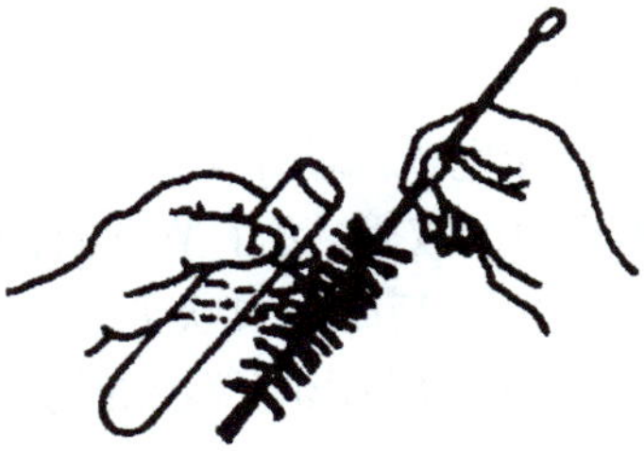

(a) 选好毛刷,确定手拿部位　　(b) 来回柔力刷洗

图 3-3　毛刷刷洗

(3) 用洗液洗。用洗衣粉、去污粉等洗涤剂仍然洗不掉的污垢,或不便用刷子洗的口径小、管细的玻璃仪器及精密量器,则用洗液洗。方法是向仪器中倒入铬酸洗液,浸泡一段时间后,再将洗液倒回原瓶,用自来水冲洗干净,最后用蒸馏水淋洗 2～3 次。

(4) 超声波清洗。实验室常用超声波清洗玻璃仪器,既省时又方便。超声波清洗是利用超声波在液体中的空化作用、加速度作用及直流作用对液体和污物直接、间接的作用,使污物层被分散、乳化、剥离而达到清洗的目的。由于超声波作用是发生在整个液体内,所有能与液体接触的玻璃仪器表面都可被清洗,有“无所不洗,洗无不净”的优点。用超声波可清洗能加热的玻璃器皿,如烧杯、烧瓶等。

无论用哪种洗涤剂、哪种洗涤方法洗涤玻璃仪器,最后都必须用蒸馏水或去离子水淋洗仪器内壁 2～3 次,目的是除去由自来水带入的钙、镁、铁等离子。

玻璃仪器洗净的标准是仪器内壁被水均匀分布,不挂水珠,见图 3-4。

(a) 洗净:水均匀分布(不挂水珠)　　(b) 未洗净:器壁附着水珠(挂水珠)

图 3-4　玻璃仪器洗净的标准

三、玻璃仪器的干燥

玻璃仪器有时需要干燥，干燥玻璃仪器的方法有如下几种。

(1) 晾干：将洗净的玻璃仪器放在干燥架上控去水分，自然晾干，这是常用而简单的干燥玻璃仪器的方法，但干燥速度较慢。

(2) 烤干：擦干仪器外壁后，用酒精灯小火烤干，同时要不断转动使仪器受热均匀。

(3) 烘干：把玻璃仪器放到烘箱中烘干，容量器皿不能在烘箱中烘，以免影响体积的准确度。烘箱内的温度最好保持在 100～105℃。

(4) 吹干：若需急用的玻璃仪器，洗涤后可直接用电吹风吹干。

(5) 快干：较大的仪器或者在洗涤后想立即使用的仪器，为了节省时间，将水尽量沥干后，先用少量的有机溶剂如丙酮淋一遍倒出，然后晾干或吹干。

带有刻度的玻璃仪器不能用加热的方法进行干燥，以免影响仪器的精度。

玻璃仪器的干燥示例见图 3-5。

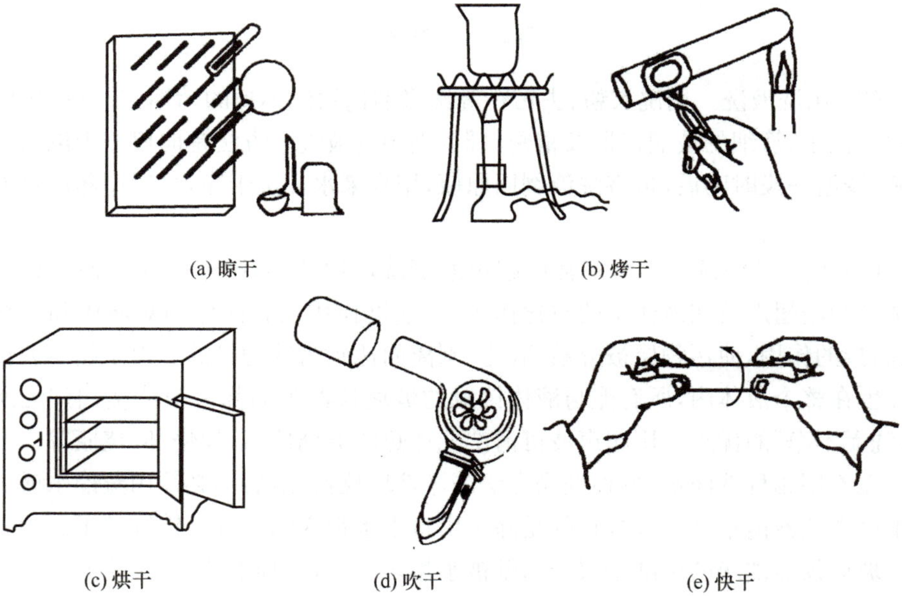

(a) 晾干　(b) 烤干

(c) 烘干　(d) 吹干　(e) 快干

图 3-5　仪器的干燥

四、干燥器的使用

1. 干燥器

干燥器是由厚质玻璃制成，具有宽边磨砂盖的密封容器。在底座下半段为缩细的腰，在束腰的内壁有一个宽边，用于放置一块多孔的瓷板，见图 3-6。瓷板上面存放被干燥的物质，瓷板下面的底座中存放干燥剂。盖子为拱圆状，盖顶有作为手柄移动盖子用的圆玻璃滴，盖子是宽边磨口的，与底座相吻合，起到封闭作用。

图 3-6　干燥器

2. 干燥剂

常用的干燥剂有浓硫酸、无水氯化钙和变色硅胶（含 $CoCl_2$）。通常情况下是不用浓硫酸的，以防止被干燥的物质掉下去发生化学反应。变色硅胶是实验室最常用的干燥剂，且可以循环使用，如颜色由蓝色变成粉红色，说明干燥剂失去了干燥作用，应把干燥剂放到恒温干燥箱中，在 105～120℃进行干燥，当颜色由粉红色变成蓝色后，可再重复使用。

$$\underset{(\text{粉红})}{CoCl_2 \cdot 6H_2O} \xrightleftharpoons{325.3K} \underset{(\text{紫红})}{CoCl_2 \cdot 2H_2O} \xrightleftharpoons{363K} \underset{(\text{蓝紫})}{CoCl_2 \cdot H_2O} \xrightleftharpoons{393K} \underset{(\text{蓝色})}{CoCl_2}$$

3. 干燥器的使用

将干燥器洗净擦干，根据需要在干燥器底座放入适宜的干燥剂，然后放上瓷板，将被干燥的物质放在瓷板上，在干燥器宽边磨口处涂有一层凡士林油，将盖子沿水平方向摩擦几次使凡士林油均匀，即可进行干燥。打开干燥器盖子时，一手按住干燥器，另一手将干燥器盖子沿水平方向移动方能打开。不能用力向上拉盖子，防止用力过大将干燥器底座带起来，引起脱落而造成仪器损坏。挪动干燥器时，必须双手托住干燥器的盖子和底座。干燥器的使用见图 3-7。

(a) 开启

(b) 挪动

图 3-7　干燥器的使用

五、思考题

（1）玻璃仪器洗净的标志是什么？

（2）洗涤玻璃仪器时如何选择洗涤剂？

（3）干燥玻璃仪器的方法有哪些？

实验三　灯的使用和玻璃管的加工

一、实验目的

(1) 了解酒精灯及酒精喷灯的基本构造，学会正确使用酒精喷灯。

(2) 熟悉简单的玻璃加工，掌握截断、弯曲、拉制、焙烧等基本操作。

二、实验内容

1. 酒精灯、酒精喷灯的构造及其使用

1) 酒精灯

(1) 基本构造：酒精灯由灯帽、灯芯和灯壶三部分组成，见图3-8。

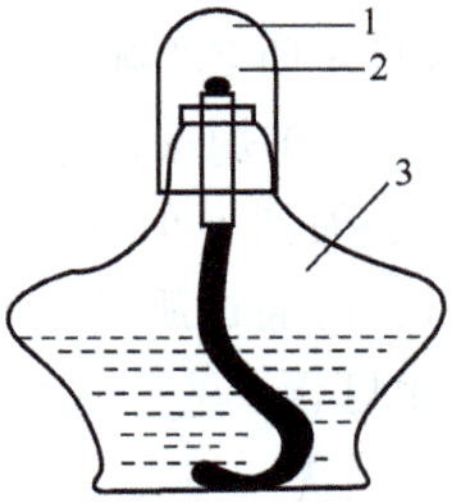

图3-8　酒精灯的构造

1. 灯帽；2. 灯芯；3. 灯壶

(2) 使用方法：

(ⅰ) 检查灯芯，并修整。若灯芯不齐或烧焦，应用剪刀修整。

(ⅱ) 灯内的酒精不应超过容量的2/3。严禁在酒精灯点燃时添加酒精。

(ⅲ) 使用火柴点燃酒精灯，禁止用燃着的酒精灯来对火。

(ⅳ) 熄灭酒精灯时，必须用灯帽盖灭火焰，严禁用嘴吹灭。熄灭后需重新盖一次，防止冷却后造成负压打不开；对于长期未使用的酒精灯，再次使用时，需先打开灯帽，吹去其中凝聚的酒精蒸气，以免发生事故。

(ⅴ) 加热时使用试管夹夹住试管利用外焰加热，禁止用手拿着加热。

(ⅵ) 若要使灯焰平稳，并适当提高温度，可以加金属网罩。

2) 酒精喷灯

(1) 基本构造：酒精喷灯分为座式和挂式两种，基本构造见图3-9和图3-10。

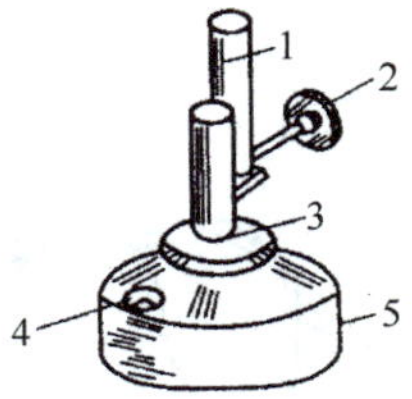

图3-9　座式酒精喷灯构造

1. 灯管；2. 空气调节器；3. 预热盘；4. 铜帽；5. 酒精壶

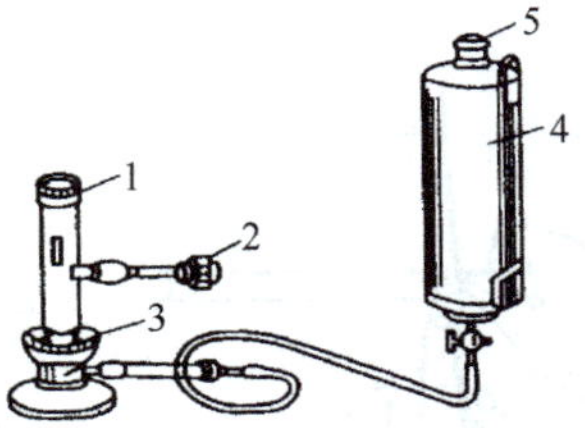

图3-10　挂式酒精喷灯构造

1. 灯管；2. 空气调节器；3. 预热盘；4. 酒精储罐；5. 盖子

(2) 使用方法：

(ⅰ) 添加酒精。关好下口开关，座式酒精喷灯内酒精量不能超过容量的2/3。

(ⅱ) 预热和点燃。先往预热盘中加少量酒精并转动空气调节器把入气孔调到最小，然后点燃预热盘中的酒精，对灯管进行加热。待酒精气化后从喷口喷出时，预热盘内燃烧的火焰便可把喷出的蒸气点燃。

(ⅲ) 调节火焰。转动空气调节器，若空气进入量合适时，火焰应明显分为三层，且可听到“嘶嘶”的响声。

(ⅳ) 熄灭酒精喷灯。座式酒精喷灯连续使用不能超过半小时，如果超过半小时，必须到半小时时暂先熄灭喷灯。冷却，添加酒精后再继续使用，用毕，可通过盖灭，也可通过旋转空气调节器熄灭。挂式酒精喷灯先关掉酒精储罐的下口开关，再关闭灯管。

图 3-11　火焰性质

3) 灯焰性质

酒精灯的加热温度一般在 400～500℃，酒精喷灯的加热温度可达 800～900℃。

灯焰分为外焰、内焰和焰心(若为煤气喷灯分别为氧化焰、还原焰、焰心)，见图 3-11。通常外焰的温度最高，因此在实验中利用外焰加热。

2. 玻璃管的简单加工

1) 截割和熔烧玻璃管

(1) 锉痕。将玻璃管平放在实验台面上，一只手紧紧按住要截断的部位，另一只手用锉刀的棱边沿着与玻璃管垂直的方向用力向前锉痕，不要往复锯，见图 3-12。

(2) 截断。两个拇指齐放在划痕背面向前推压，同时食指向外拉，便可截断，见图 3-13。

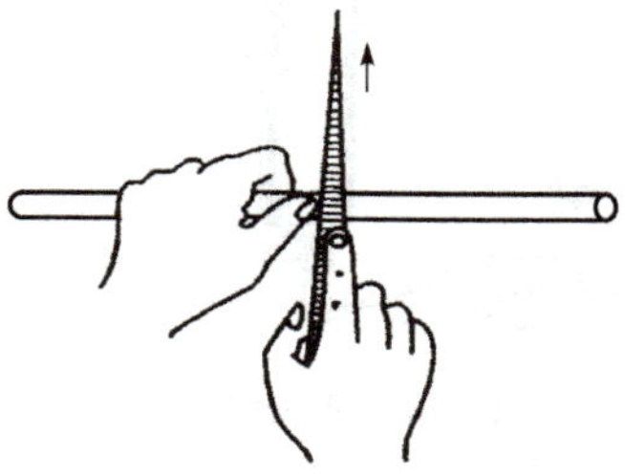
图 3-12　锉痕

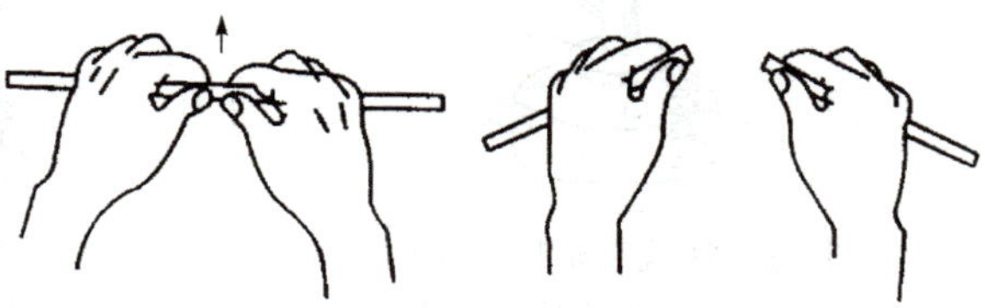
图 3-13　截断

(3) 熔光。折断后的玻璃管截面很锋利,容易割破手或损坏橡皮管等,因此必须在火焰上熔光。将刚切割的截面斜插入外焰中加热,并不断来回转动,直到玻璃管锋利的边缘变成平滑为止,见图 3-14。

2) 弯曲玻璃管

(1) 烧管。先将玻璃管需要弯曲的部位预热一下,然后双手持玻璃管,将需要弯曲的部位斜插入喷灯的火焰中,以增大其受热面积。随后缓慢而均匀地转动玻璃管,左右移动用力均匀,稍向中间渐推,见图 3-15。避免玻璃管在火焰中扭曲变形,当玻璃管呈现出发黄发软的状态时,即可离开火焰。

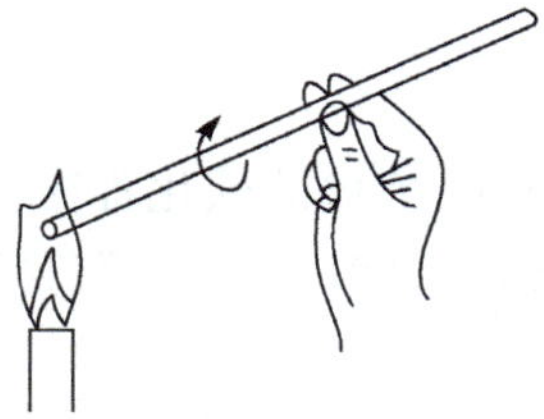

图 3-14　熔光

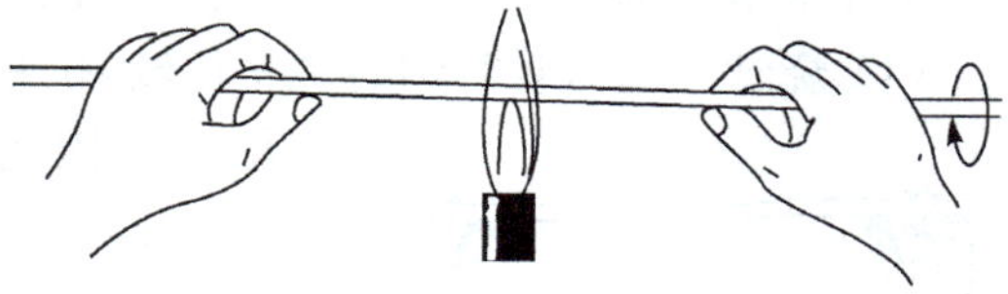

图 3-15　烧管

(2) 弯管。

吹气法:掌握火候,从火焰中取出玻璃管,堵管吹气,迅速弯管,见图 3-16。

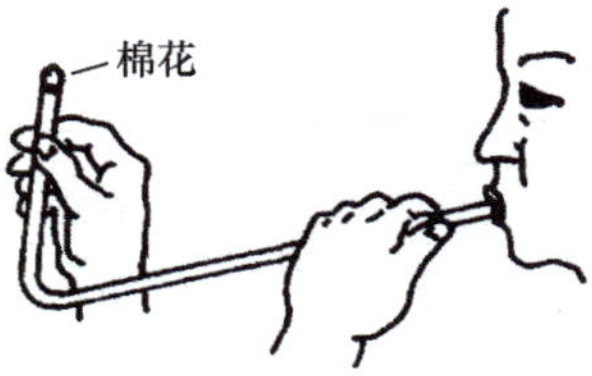

图 3-16　吹气法

不吹气法:掌握火候,从火焰中取出玻璃管用 V 字形手法,弯好后冷却变硬再撒手,如弯小管时可多次弯成,先弯成 M 部位的形状,再弯成 N 部位的形状,见图 3-17。

合格的弯管里外均匀平滑,见图 3-18。

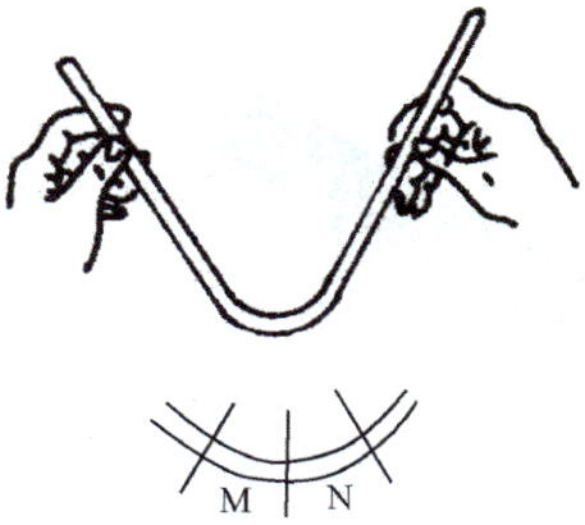

图 3-17　不吹气法

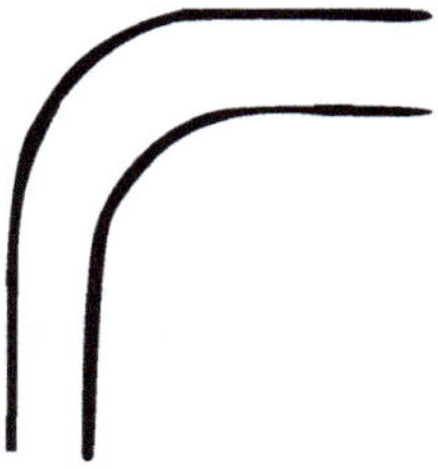

图 3-18　合格的弯管

不合格的弯管见图 3-19。

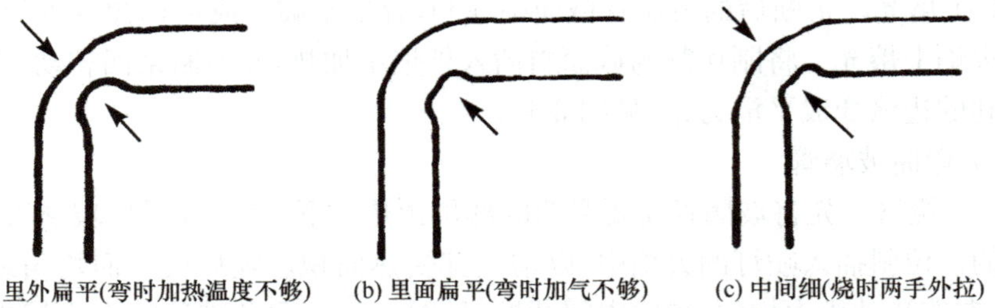

图 3-19　不合格的弯管

3）制备毛细管与滴管

毛细管和滴管均是由玻璃管加热熔烧、拉制而成的。

（1）烧管。与弯管时的熔烧相比较，拉制毛细管和滴管时，玻璃的软化程度要大一些，因此灼烧的时间要长一些，一般烧至红黄色即可。

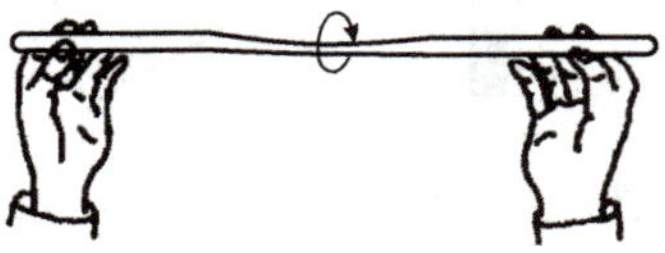

图 3-20　拉管

（2）拉管。待玻璃管烧成红黄色软化以后，移离火焰，两手顺着水平方向边旋转，边拉动，使狭部拉到所需要的粗细，见图 3-20。

拉管时，结果的比较见图 3-21。

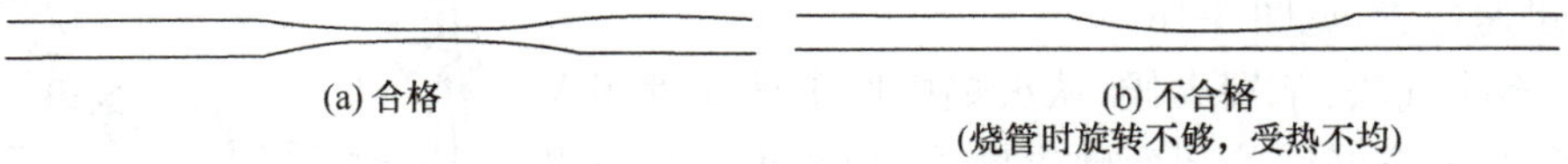

图 3-21　拉管的比较

（3）扩口（如滴管的制作）。管口灼烧至红热后，将金属锉刀柄斜放于管口内迅速而均匀地旋转将管口扩大，见图 3-22。随后在石棉网上轻压使管口外卷，冷却后套上乳胶头即成滴管。

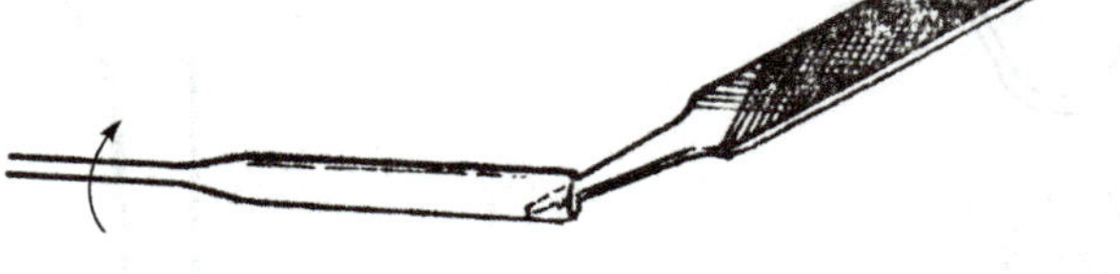

图 3-22　玻璃管的扩口

（4）制作毛细管。将长度合适的干净玻璃管烧软后，移离火焰，稍冷却，双手均匀用力，拉成所需标准的毛细管并截断，两端用小火灼烧后密封。

3. 制作玻璃仪器练习

(1) 弯曲玻璃管再进行熔光，弯曲角度分别为 45°和 90°。

(2) 制作两根滴管。

三、思考题

(1) 使用酒精灯和酒精喷灯，需要注意什么？

(2) 加热器皿放在火焰的什么位置最好？

(3) 为什么在弯曲或制作玻璃管时，不能在火焰上操作，而是要远离火焰？

实验四　电子天平的使用

一、实验目的

（1）了解电子天平的基本构造。

（2）熟练掌握电子天平的使用方法。

（3）学习用直接称量法和差减称量法称量样品。

二、电子天平的构造及工作原理

把利用电磁力平衡称物体重力的天平称为电子天平。它主要由秤盘、传感器、位置检测器、PID调节器、功率放大器、低通滤波器、微计算机、显示器、机壳及底脚组成。

电子天平在测量被测物体的质量时不利用测量砝码的重力，而是利用电磁力平衡原理实现称量。秤盘通过支架连杆与线圈相连接，线圈置于磁场中，当秤盘上加上载荷后，因重力向下，线圈上就会产生一个电磁力。

$$F=KBLI \tag{3-1}$$

式中，K 为常数；B 为磁感应强度；L 为线圈导线的长度；I 为通过线圈导线的电流强度。

在电子天平中，B、L 均为定值，视为常数。故电磁力的大小取决于电流强度的大小。而电流的大小又取决于秤盘上所加载荷的大小，也就是由被称物体的重力大小决定。当大小相等、方向相反的电磁力与重力达到平衡时，则有

$$F=mg=BLI \tag{3-2}$$

式(3-2)即为电子天平的电磁力平衡原理式。

当秤盘上加上载荷时，秤盘的位置就发生相应的变化，位置检测器就将此变化量通过PID调节器和功率放大器转换成线圈中的电流信号，并在采样电阻上转换成与载荷相对应的电压信号，经低通滤波器和模数(A/D)转换器，变换成数字信号由计算机对数据进行处理，在显示屏幕上以数字方式显示出被测物体质量，这就是电子天平的基本工作原理。

三、电子天平的使用方法

1. 实验室常见的电子天平

实验室常用能精确称量到0.01g和0.0001g的电子天平，见图3-23和图3-24。

2. 电子天平(精度为0.0001g)的使用

（1）调水平。天平开机前，观察天平是否水平。若水平仪水泡偏移，通过调天

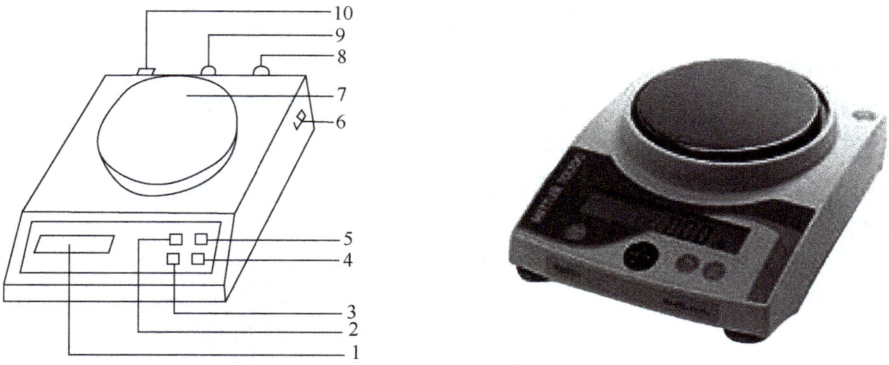

图 3-23　电子天平(精度为 0.01g)

1. 显示窗;2. 单位转换键(⟲);3. 校正键(C);4. 去皮键(T);5. 计数键(N);
6. 开关;7. 秤盘;8. 电源插座;9. 保险丝座;10. 数据输出口

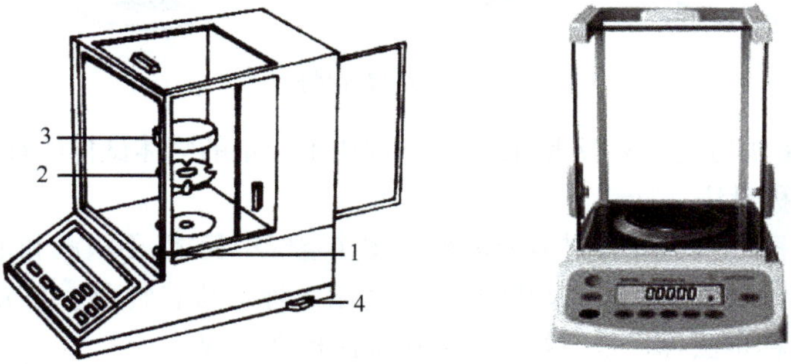

图 3-24　电子天平(精度为 0.0001g)

1. 水平仪;2. 托盘;3. 秤盘;4. 水平调节脚

平的水平调节脚,使水泡位于水平仪中心。

(2) 开启天平。按“ON/OFF”键,开启天平,显示屏显示“0.0000g”,如显示的不是“0.0000g”,应按 TAR 键调零。

(3) 称量。按“TAR”键,显示为“0.0000g”后,将称量物放在秤盘上,待显示屏上的数字稳定后,即读出称量物的质量。

(4) 去皮称量。按“TAR”键调零,将容器放在秤盘上,显示屏显示出容器的质量,再按“TAR”键调零,即去皮称量。再将称量物倾入容器中,待读数稳定后,此时显示屏上的数字即为所称物体的质量。

(5) 称量完毕后,按“ON/OFF”键,关闭显示器,盖好天平罩。

3. 固体试样的称量方法

1) 直接称量法

将固体试样放在已称量过的容器中或硫酸纸上,用天平直接称量。直接称量法适用于无吸湿性、在空气中性质稳定的固体试样的称量。

2）差减称量法

先将试样放在称量瓶中，称出装有试样的称量瓶质量，设称得的质量为 m_1g。从称量瓶中倾倒部分试样置于容器中，再称出倾出部分试样后称量瓶的质量，设称得的质量为 m_2g。两次称量的质量之差（m_1-m_2）g，即为取出试样的质量，见图 3-25。

图 3-25　差减称量操作

差减称量法适用于易吸水、在空气中性质不稳定的固体试样的称量。

3）固定称量法

称取某一固定质量的试样，要求被称物在空气中稳定、不吸潮和不吸湿。该操作简单、快速，适用于称量粉末状物质，不适用于称量块状物质。在分析化学实验中，常用固定称量法称量基准物质来直接配制标准溶液。

四、称量练习

（1）直接称量法：称取 0.24～0.25g 邻苯二甲酸氢钾。

（2）差减称量法：称取 0.24～0.25g 邻苯二甲酸氢钾。

（3）固定称量法：称取 0.2424g 邻苯二甲酸氢钾。

五、思考题

（1）差减称量法称量试样质量，如何使用电子天平的去皮称量？请写出操作步骤。

（2）使用称量瓶时应注意什么？从称量瓶向外倾倒试样时应如何操作？

实验五　试剂的取用和试管操作

一、实验目的

(1) 学习掌握固体和液体试剂的取用。

(2) 掌握试管操作及加热试管中固体和液体的方法。

二、化学试剂的取用

固体试剂装在广口瓶中。液体试剂、配制的液体盛装在细口瓶或带有滴管的滴瓶中。试剂瓶上都必须贴有标签,上面写明试剂的名称、浓度和配制的日期。必要时在标签外面涂上一薄层蜡来做保护。

取用试剂时,应将取下的瓶塞倒置在实验台干净的地方,以免盖上瓶塞时沾污试剂。取完试剂后,应及时盖上瓶塞,把试剂瓶的标签朝外放回原处。

1. 固体试剂的取用

(1) 取用固体试剂用药匙(牛角药匙、不锈钢药匙、塑料药匙等)。药匙应做到专匙专用,药匙用过后必须洗净擦干后方可再使用。

(2) 需按指定用量取试剂,多取的试剂不能倒回原瓶中,可放在指定的容器中供他人或下次实验使用。

(3) 称量一定质量的固体试剂时,可把固体试剂放在称量纸(如硫酸纸)或表面皿上。对腐蚀性或易潮解的固体,应放在表面皿上或玻璃容器内称量。根据实验的要求采用不同精度的天平称量。

(4) 向试管中加入固体粉末时,可用药匙或对折的纸槽,将其送进平放的试管中约 2/3 处(图 3-26 和图 3-27),然后使试管直立起来。

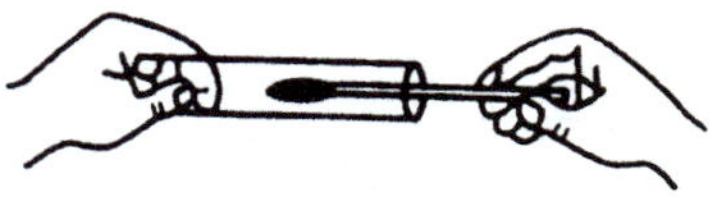

图 3-26　用药匙往试管中送入固体试剂

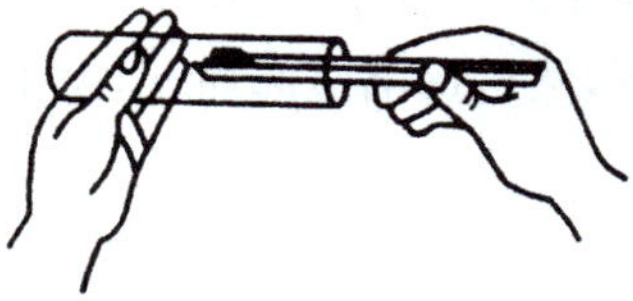

图 3-27　用纸槽往试管中送入固体试剂

(5) 加入密度较大的块状固体或金属颗粒时,应将试管倾斜,使块状固体或金属颗粒沿试管壁慢慢滑下,见图 3-28。不得垂直悬空投入,以免击破试管。

(6) 固体颗粒体积较大时,需先在研钵中研碎再取用。研钵中盛装的固体的量不能超过研钵容量的 1/3。

(7) 有毒药品需在教师指导下取用。

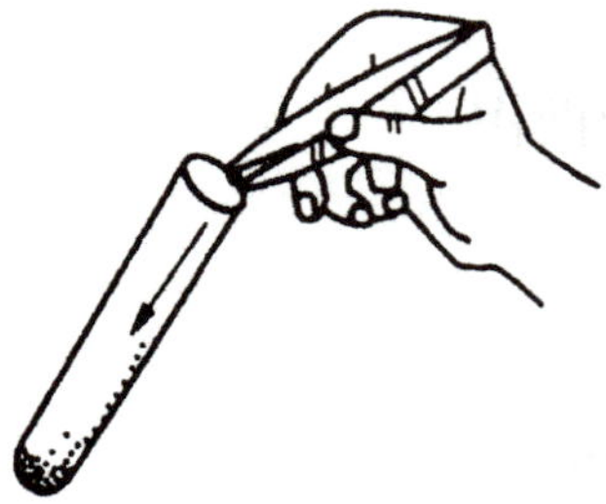

图 3-28　块状固体或金属颗粒沿管壁慢慢滑下

2. 液体试剂的取用

(1) 取少量液体时,用胶头滴管。用手指捏扁胶头,挤出胶头中的空气,把胶头滴管的玻璃尖嘴插入液体中,放松手指,液体即进入玻璃尖嘴中。移出胶头滴管,将玻璃尖嘴垂直悬空在烧杯或试管上方,轻轻挤压胶头,液体便进入容器中,见图 3-29。

使用滴管时应注意:①不能将玻璃尖嘴伸进试管中,也不能将玻璃尖嘴贴靠管壁,以免污染试剂;②使用滴瓶上的滴管,取液后应立即放回原瓶,防止张冠李戴;③当滴管中还有液体时,不得使玻璃尖嘴朝上或横放,以免液体进入胶头,引起腐蚀和沾污试剂;④用胶头滴管取另一种试剂前,必须将滴管洗净,以免污染试剂;⑤胶头滴管不再使用时,应把玻璃尖嘴朝下放在干净的试管或烧杯中。

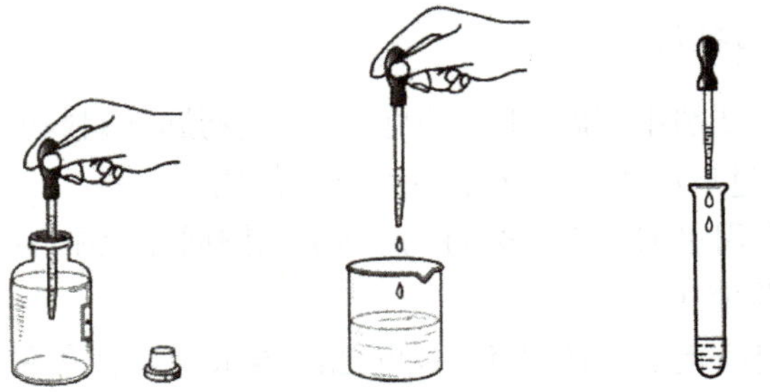

图 3-29　用滴管取溶液及滴入容器中的手法

(2) 取多量液体时,采取倾注法。取下瓶塞倒放在桌上,试剂瓶标签对着手心,试剂瓶口紧挨着试管口,试管倾斜,使液体沿着试管壁流入试管中,或让液体沿着玻璃棒注入烧杯中,见图 3-30。倾倒完所需要的液体量后,将试剂瓶口在容器上靠一下,然后逐渐竖起瓶子,塞上瓶塞。

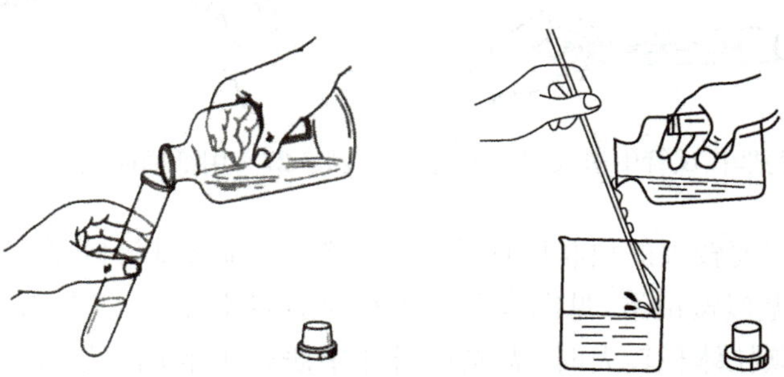

(a) 将液体倒入试管　　　　(b) 将液体试剂倒入烧杯中

图 3-30　倾注法

(3) 在试管中做定性实验时,试剂的用量不需要准确,只需估计取用液体的量。从滴管取液体,1滴相当于0.05mL,20滴约为1mL。要求倒入试管中液体的量一般不超过其容量的1/3。

(4) 定量取液体时,用量筒或移液管。量筒是用于量取液体体积的仪器,其规格有10mL、50mL、100mL、500mL、1000mL等,根据量取液体的体积可选用不同容量的量筒。用量筒量取液体时,视线要与量筒内液体的凹液面的最低处保持在同一水平线上,读出液体的体积,见图3-31。偏高或偏低都会引起较大误差。

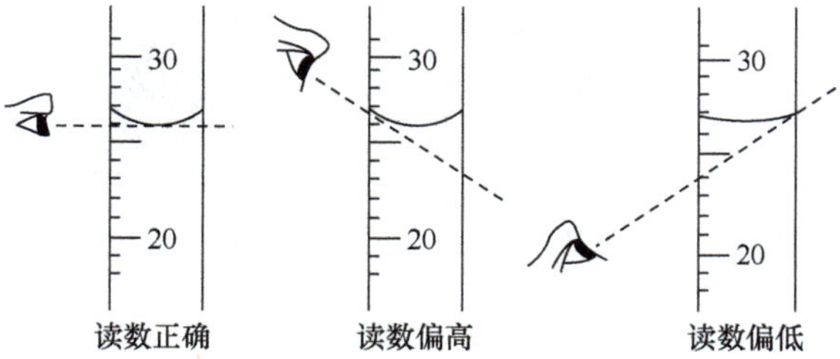

图3-31 量筒的读数方法

使用量筒时应注意:①量筒属于度量仪器,不能用试管刷刷洗;②量筒不能加热;③不能在量筒中配制溶液和进行化学反应。

三、试管操作

试管是用于少量试剂的反应容器。试管是化学实验中用得最多的仪器。

1. 振荡试管

用拇指、食指和中指持住试管的中上部,试管略倾斜,手腕用力振动试管。

2. 试管中液体的加热

在试管中加热液体时,液体的量不能超过试管容量的1/3。加热时,应用试管夹夹住试管中上部,试管与桌面呈约60°倾斜,见图3-32。加热时切勿将试管口对着别人或自己。先加热液体的中上部,慢慢移动试管,热及下部,并不时地移动或振荡试管,使试管内的液体各部分受热均匀,避免试管内液体因局部过热沸腾而迸溅,引起烫伤。

3. 试管中固体试剂的加热

将固体试剂装入试管底部铺平,管口略向下倾斜(图3-33),避免管口冷凝的水珠倒流到试管加热处而引发试管炸裂。用火焰来回加热后,可固定在有固体物质的部位加强热。

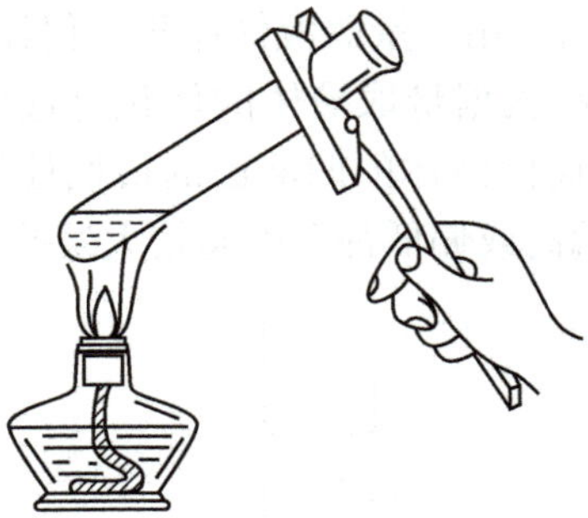

图 3-32　加热试管中的液体

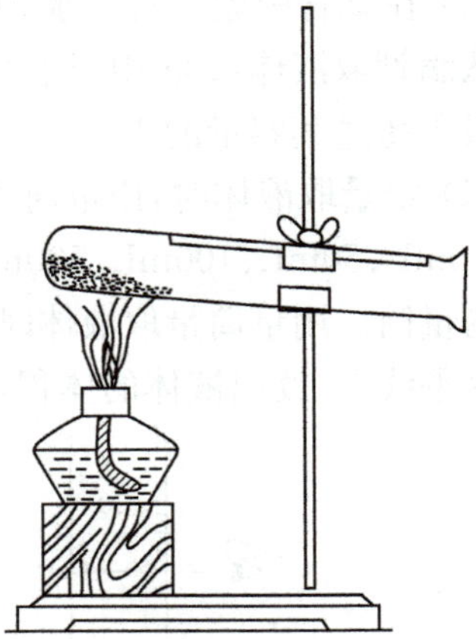

图 3-33　加热试管中的固体

四、思考题

(1) 取用固体和液体时，要注意哪些事项？为什么？

(2) 如何加热试管中的液体？

(3) 振荡试管时，用五个手指握住试管上下或左右振荡，可否？为什么？

实验六　化学试剂知识和溶液的配制

一、实验目的

(1) 了解化学试剂相关知识。
(2) 了解和掌握实验室常用溶液的配制方法。
(3) 学习容量瓶和移液管的使用方法。

二、实验原理

1. 化学试剂知识

化学试剂的级别是按杂质含量的多少划分的。根据国家标准(GB)及部颁标准,化学试剂分为 4 个级别,其规格及使用范围见表 3-3。

表 3-3　化学试剂的规格及使用范围

级别	中文名称	缩写符号	标签颜色	使用范围
一级	优级纯	G. R.	绿色	精密分析实验
二级	分析纯	A. R.	红色	一般分析实验
三级	化学纯	C. P.	蓝色	一般化学实验
四级	实验试剂	L. R.	棕色或其他颜色	普通实验及制备实验

2. 溶液的配制

实验室常因化学反应性质和要求的不同而配制不同的溶液。一般性质反应的实验配制一定浓度的常见溶液就可满足需求,定量测定实验需要配制准确浓度的溶液,特殊鉴定反应则需要配制特殊试剂的溶液。正确配制溶液是实验工作的基本训练和要求。

1) 一般溶液的配制

(1) 由固体试剂配制溶液。用电子天平称量一定量的固体放在烧杯中,用量筒量取所需的蒸馏水,注入烧杯中,搅拌,使固体完全溶解,再将溶液倒入试剂瓶中,贴上标签。

(2) 由液体(或浓溶液)配制溶液。用量筒分别量取液体(或浓溶液)和溶剂,在烧杯中将其混合,搅拌均匀,再将溶液倒入试剂瓶中,贴上标签。

2) 标准溶液的配制

(1) 由固体试剂配制准确浓度溶液。用电子天平(精度为 0.0001g)准确称固体试剂的质量,置于烧杯中,加少量蒸馏水,搅拌,使其完全溶解,将溶液转移到容量瓶中，再用少量蒸馏水淋洗烧杯 2～3 次，将淋洗液移入容量瓶中，再加蒸馏水至容量瓶标线处，盖上瓶塞，将溶液反复倒转摇荡 15～20 次。将溶液移入试剂瓶中，贴上标签。

附　容量瓶的使用

容量瓶主要用于精确配制标准溶液或稀释一定量溶液到一定体积的器皿，它是一种细颈梨形平底容量仪器，带有磨口玻璃塞，见图 3-34。颈上有标线，表示在所指定温度下液体弯月面与标线相切时，溶液体积即为所标注的容量数。容量瓶有 5mL、25mL、50mL、100mL、250mL、500mL、1000mL、2000mL 等多种规格。容量瓶常和移液管配合使用。

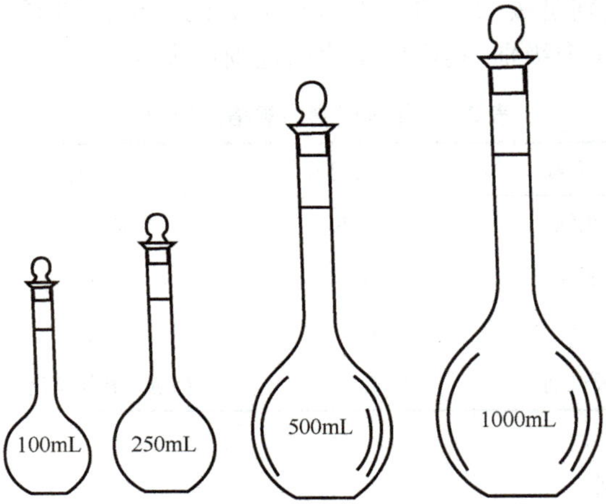

图 3-34　几种常见规格的容量瓶

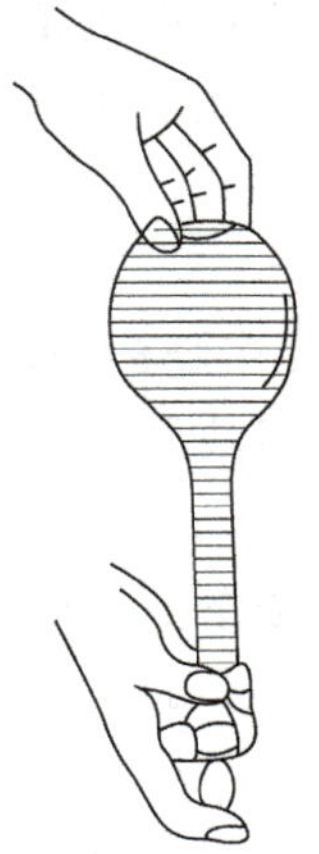
图 3-35　检漏

容量瓶的操作方法如下。

检查是否漏水：使用容量瓶前必须检查是否漏水或标线位置是否与瓶口太近，不能使用漏水或标线位置与瓶口太近的容量瓶。检查是否漏水的方法是：向容量瓶中注入自来水至标线，盖好瓶塞，右手托住瓶底，左手食指按住瓶塞，其余手指拿住瓶颈标线以上部分。将瓶倒立 2min，观察瓶塞周围有无漏水现象，见图 3-35。如不漏水，将瓶直立，转动瓶塞 180°，再倒立 2min 检查。不漏水，方可使用。

洗涤：洗涤方法见实验二。

称量、溶解、洗涤和转移：将准确称量的固体物质置于小烧杯中，用少量的蒸馏水溶解后，将溶液定量转移到容量瓶中。转移时，先将玻璃棒悬空伸进容量瓶中，玻璃棒下端靠住瓶颈内壁，将烧杯嘴紧靠玻璃棒后，慢慢倾斜烧杯，使溶液沿着玻璃棒流下。当溶液倾完后，将烧杯嘴沿着玻璃棒轻轻地上提，同时将烧杯直立，迅速将玻璃棒放到烧杯(位置对着烧杯嘴)中。再用洗瓶挤出少量蒸馏水，淋洗烧杯内壁和玻璃棒 2～3 次，将每次淋洗液注入容量瓶中。

定容：加蒸馏水至容量瓶 2/3 体积处，将瓶塞盖好，以同一个方向悬摇容量瓶，初步混匀溶液后，继续加蒸馏水至距离标线 1cm 处时，用滴管加蒸馏水至溶液弯月面与标线相切，将瓶塞盖上。右手全部指尖托住瓶底边缘，左手食指压住瓶塞，其余手指拿住瓶颈标线以上部分，将容量瓶倒转，同时不停加以摇荡，反复15～20 次后，使瓶内溶液充分混匀。

容量瓶的使用见图 3-36。

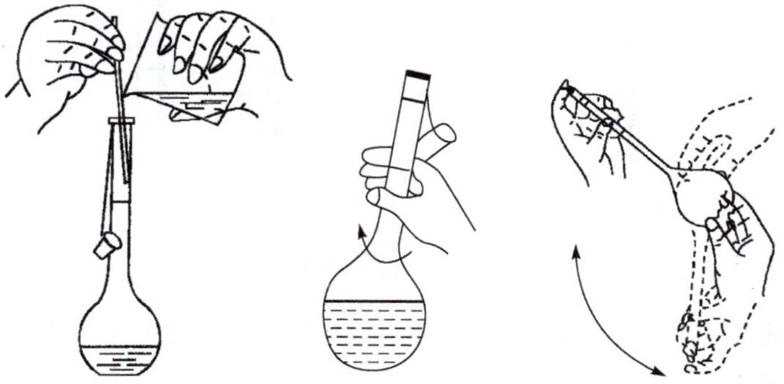

(a) 转移溶液　　(b) 悬摇　　(c) 摇荡

图 3-36　容量瓶的使用

(2) 由较浓的标准溶液配制成较稀的标准溶液。用移液管(或吸量管)吸取一定体积的溶液放入容量瓶中，再加蒸馏水至标线处，摇匀后倒入试剂瓶中，贴上标签。

附　移液管和吸量管

移液管和吸量管是用于准确量取一定体积液体的容量仪器。移液管是一根细长中间膨大的玻璃管，管颈上部刻有环形标线，膨大部分标有数字，标明容量和该容量的温度。常用移液管有 25mL、50mL 等规格。吸量管是具有分刻度的玻璃管，常用的有 1mL、2mL、5mL、10mL 等规格，一般用于量取小体积的溶液。移液管和吸量管，见图 3-37。

移液管的操作方法如下：

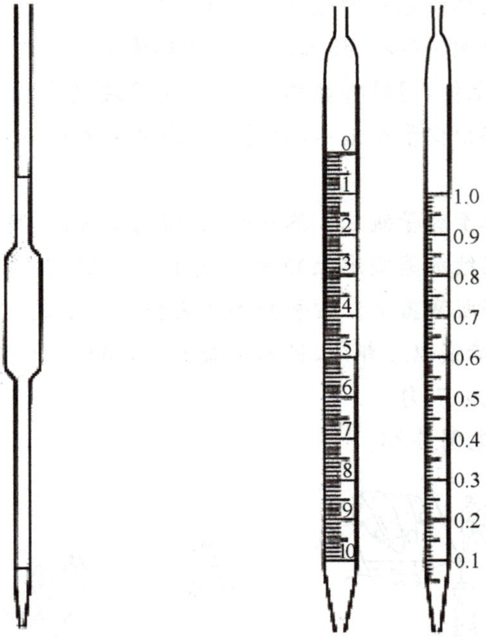

(a) 移液管　　(b) 吸量管

图 3-37　移液管和吸量管

使用移液管前，依次用洗液、自来水、蒸馏水洗至不挂水珠为止，最后用少量被量取的溶液淋洗 2～3 次。

用移液管吸取溶液时，右手大拇指和中指拿住瓶颈标线上方部分，将移液管插入待移溶液液面 1～2cm 深度，左手握住洗耳球轻轻吸上溶液，眼睛注视液面的上升，同时移液管需随液面的下降而下伸。当移液管中溶液上升到标线以上时，迅速用右手食指堵住管口。将移液管上提离开液面，使移液管管尖靠在容器壁上，稍微放松食指，当移液管内液面下降到与标线相切时，立即用食指按紧管口，取出移液管。将移液管移入接收溶液的容器中，使管尖靠在容器内壁上，此时容器倾斜 30°，移液管垂直。之后松开食指，使溶液沿器壁流下，待溶液全部流尽后，继续停靠 15s，移出移液管。切勿将残留在管尖的溶液吹出。移液管的使用见图 3-38。

吸量管的操作方法与移液管相同。用吸量管量取溶液时，使液面从某一刻度（通常为最高标线）下降到另一刻度，两刻度间的差值即为所放出溶液的体积。在同一个实验中，为减少测量误差，应使用同一个吸量管，且用吸量管的同一部位进行量取。

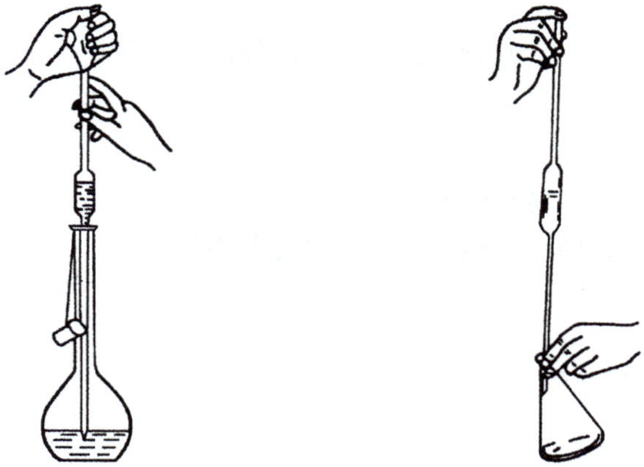

(a) 用洗耳球吸取溶液　　(b) 放出液体

图 3-38　移液管的使用

三、仪器及试剂

电子天平，量筒(10mL)，容量瓶(250mL)，移液管(25mL)，玻璃棒。

$K_2Cr_2O_7$，NaOH，浓盐酸，HAc(1.000mol·L^{-1})。

四、实验内容

1. 一般溶液的配制

(1) 用浓盐酸配制 1L 0.1mol·L^{-1}盐酸溶液。

(2) 配制 100mL 2mol·L^{-1} NaOH 溶液。

2. 标准溶液的配制

(1) 配制 250mL 0.020 00mol·L^{-1} $K_2Cr_2O_7$ 溶液。

(2) 用已知 1.000mol·L^{-1} HAc 溶液配制 250mL 0.1000mol·L^{-1} HAc 溶液。

五、思考题

(1) 如何洗涤移液管？洗净的移液管在使用前是否用待吸取的溶液洗涤？

(2) 用容量瓶配制溶液时，是否先把容量瓶干燥？为什么？

实验七　物质的分离和提纯

一、实验目的

（1）掌握物质的分离和提纯方法。

（2）熟悉溶解、过滤、加热、蒸发、结晶等基本操作。

二、实验内容

1. 固体物质的提纯

1）固体的溶解

（1）加热。物质的溶解度与温度有关，一般加热可加速溶解。根据被加热物质的稳定性选择直接用火加热或水浴等间接加热。

（2）搅拌。搅拌液体时，应手握玻璃棒通过腕部的转动使玻璃棒在液体中均匀旋转，切不可用力过猛，也不要使玻璃棒碰在器壁上，以免损坏容器。

2）过滤

过滤是最常用的固液分离方法之一。过滤时，沉淀留在过滤器上，溶液通过滤器而进入容器中，所得的溶液称为滤液。

常用的过滤方法有常压过滤、减压过滤（抽滤或真空过滤）和热过滤。

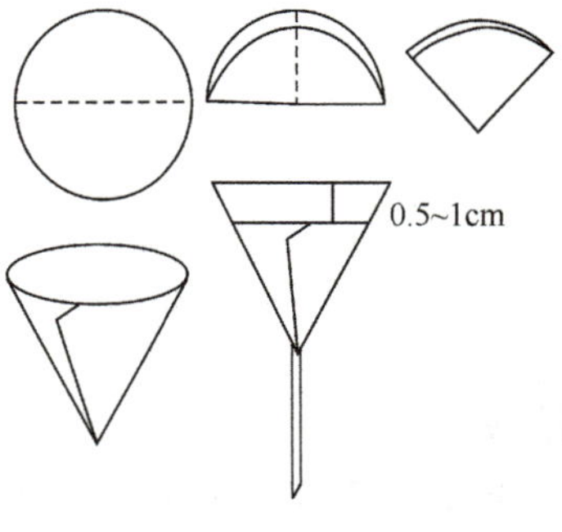

图 3-39　滤纸的折叠与安放

（1）常压过滤。把一圆形或者方形的滤纸对折两次呈扇形（方形的需剪成扇形），展开后呈锥形，一边为一层，另一边为三层，恰能与 60°的漏斗贴合。如果漏斗的角度大于或者小于 60°，应适当改变滤纸折成的角度，使之与漏斗紧密贴合，见图 3-39。把滤纸三层一边外界两层撕下一小角（保存，备用），用食指把滤纸按在漏斗内壁上，用少量蒸馏水润湿滤纸，再用玻璃棒轻压滤纸四周，赶走滤纸和漏斗壁之间的气泡，使滤纸紧贴在漏斗壁上，滤纸边缘应略低于漏斗边缘。

过滤时，漏斗放在漏斗架上，调节漏斗架的高度，使漏斗末端斜面长的一端紧靠在接收器内壁。先倾倒溶液，后转移沉淀，转移时应使用玻璃棒。倾倒溶液时应使玻璃棒接触三层滤纸处，漏斗中的液面应略低于滤纸边缘，见图 3-40。

如果沉淀需要洗涤，应待溶液转移完毕后，将少量洗涤液倒入沉淀中，用玻璃棒充分搅动，静置一段时间，待沉淀下沉后，将上方清液倒入漏斗中，如此反复洗涤 2～3 次，最后把沉淀转移到滤纸上。

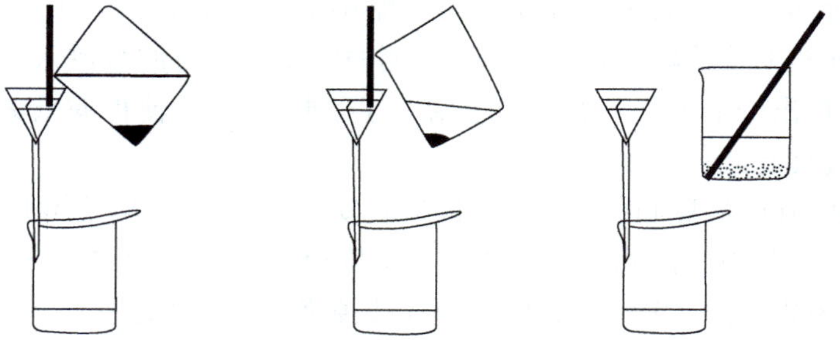

(a) 玻璃棒垂直紧靠烧杯嘴，下端对着滤纸三层的一边，但不能碰到滤纸

(b) 慢慢扶正烧杯，但烧杯嘴仍与玻璃棒贴紧，接住最后一滴溶液

(c) 玻璃棒正对着烧杯嘴放置

图 3-40 常压过滤操作

过滤操作可归纳为“一贴二低三靠”。“一贴”使湿润的滤纸紧贴漏斗内壁而无气泡。“二低”一是指滤纸的边缘要稍低于漏斗的边缘；二是指液面要低于滤纸的边缘。“三靠”一是指烧杯嘴要靠在垂直的玻璃棒上；二是指玻璃棒下端垂直对着三层滤纸的一边，但不能碰到滤纸；三是指漏斗的颈部要紧靠接收滤液的接收器内壁。

(2) 减压过滤(又称抽滤)。减压过滤可加速过滤，使沉淀抽吸得较为干燥，

但它不适用于过滤胶状沉淀和颗粒太细的沉淀。因为胶状沉淀在快速过滤时易透过滤纸。颗粒太细的沉淀易在滤纸上形成一层密实的沉淀，溶液不易透过。减压过滤装置见图 3-41。

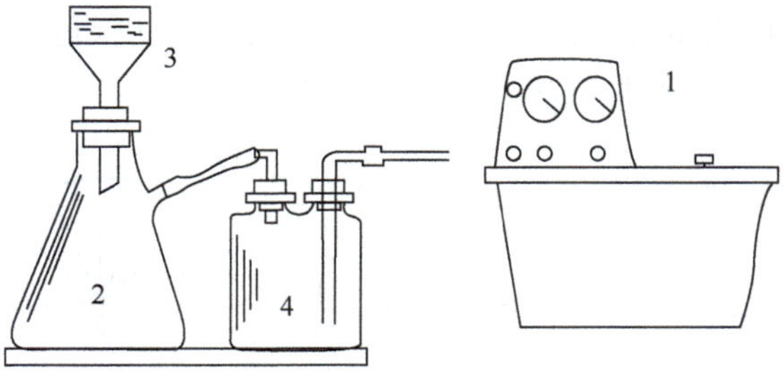

图 3-41 减压过滤装置

1. 循环水泵；2. 吸滤瓶；3. 布氏漏斗；4. 安全瓶

循环水泵：由循环水泵抽气，使得吸滤瓶内压力减小，在布氏漏斗内的液面和吸滤瓶内产生一个压力差，故加快了过滤速度。

吸滤瓶：用来承接滤液。

布氏漏斗：又称玻砂滤器，上面有很多小孔，漏斗插入单孔橡皮塞，与吸滤瓶相接。应注意橡皮塞插入吸滤瓶内的部分不得超过橡皮塞高度的 1/2，并注意漏斗

末端的位置和方向。抽滤所用的滤纸，应略小于布氏漏斗内径，但又能把所有的瓷孔盖住。漏斗末端的斜面应对着吸滤瓶侧面的支管。将滤纸放入布氏漏斗中，铺平，用洗瓶挤出少量去离子水，润湿滤纸，打开水泵抽气，使得滤纸紧贴漏斗，然后往漏斗中转移滤液。

安全瓶：在吸滤瓶和循环水泵之间装置安全瓶，是防止当关闭循环水泵时自来水回流到吸滤瓶中沾污滤液。安装时注意安全瓶长管和短管的连接，不要连错。另外，还要特别注意，当停止过滤时，应先拔掉吸滤瓶上的橡皮管，然后再关闭循环水泵，以防倒吸。

有些浓的强酸、强碱或者强氧化剂溶液，过滤时不能用滤纸，可用石棉纤维来代替，也可用玻璃砂漏斗。玻璃砂漏斗是玻璃材质的，可以根据沉淀颗粒的不同选用不同规格的。但是该种漏斗不适合强碱性溶液的过滤，因其会腐蚀玻璃。

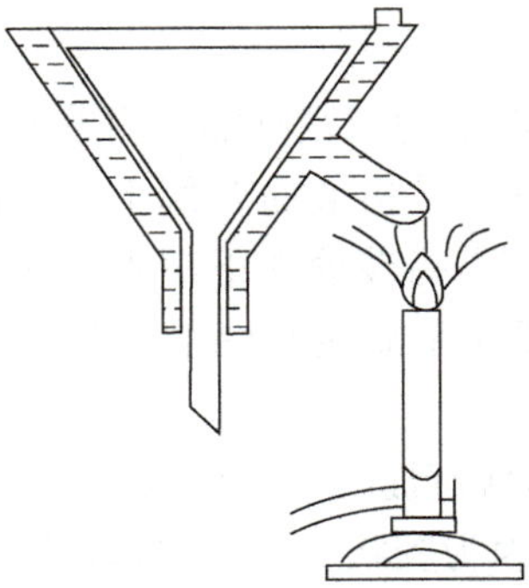

图 3-42　热过滤

（3）热过滤。用玻璃漏斗过滤热的饱和溶液时，常在漏斗中或其颈部析出晶体，使过滤发生困难。这时可采用热漏斗过滤。热漏斗的外壳是铜制的，里面插入玻璃漏斗，在外壳和玻璃漏斗之间装水，在外壳的支管外加热，把夹层中的水烧热而使漏斗保温，其装置见图 3-42。

热过滤时，玻璃漏斗的颈部要尽量短些，以免过滤时溶液在漏斗颈内停留过久，散热降温，析出晶体使装置堵塞。

为了尽量利用滤纸的有效使用面积，以加快过滤速度，过滤热的饱和溶液时，常使用折叠滤纸。折叠滤纸的方法如图 3-43 所示。

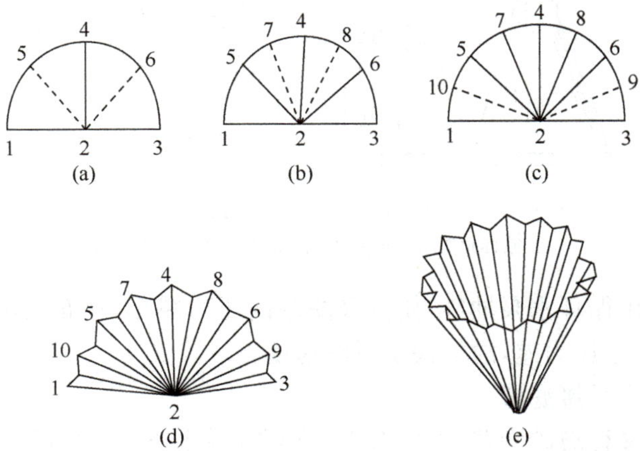

图 3-43　折叠式滤纸

按图3-43(a)所示，先将滤纸对半折成半圆形，再对折成圆形的1/4。如图3-43(b)所示，1对6折成7，3对5折成8。如图3-43(c)所示，3对6折成9，1对5折成10。如图3-43(d)所示，1和10、10和5、5和7、…、9和3间各反向折叠。再把滤纸打开，在1和3的地方各向内折叠一个小叠面，展开后即得到折叠滤纸，见图3-43(e)。在折纹集中的圆心折时切勿重压，以免滤纸中央在过滤时破裂。使用前应将折好的滤纸翻转并整理好再放入漏斗中，以避免被手弄脏的一面接触滤过的滤液。

过滤时，把热的饱和溶液逐渐倒入漏斗中，在漏斗中的液体仍不宜积得太多，以免析出晶体，堵塞漏斗。

3）蒸发(浓缩)

通过加热使水分不断蒸发，溶质随着溶液的不断浓缩而析出晶体。蒸发通常在蒸发皿中进行。之所以在蒸发皿中进行，是因为蒸发皿的表面积大，有利于加速蒸发。加热可选用煤气灯直接加热或用水浴间接加热。若物质的溶解度较大，可加热到表面出现晶膜时停止。若物质的溶解度小或高温时溶解度小，不必蒸发到出现晶膜就可以停止。

使用蒸发皿时注意：①加入蒸发皿中液体的量不得超过容量的2/3，以防液体溅出；②不要使瓷蒸发皿骤冷，以免炸裂。

4）结晶

将溶液蒸发到一定浓度(或饱和溶液)时，冷却溶液晶体就析出。为了能使晶体快速析出，可加入一小粒晶体或搅动溶液。析出晶体的颗粒大小与条件有关。将溶液慢慢冷却或静置时，析出晶体的颗粒较大，但纯度不高。将溶液迅速冷却或加以搅动，析出晶体的颗粒较小，纯度高。若想得到纯度高的晶体，可向晶体中加入少量的蒸馏水进行溶解，通过蒸发、结晶、分离，再次得到晶体，这种操作过程称为重结晶。如精制物质，则需要多次重结晶。

2. 溶液和沉淀的分离方法

溶液和沉淀的分离方法有倾析法、过滤法和离心分离法。

1）倾析法

对于相对密度大的沉淀或颗粒较大的晶体，静置后，溶液能很快分层，上层为清液，下层为沉淀，常采用倾析法进行分离。倾析法的操作，见图3-44。待沉淀沉降后，将沉淀上部的清液缓慢地倾倒入另一个容器(烧杯)中，使沉淀与溶液分离。

如需洗涤沉淀，可在转移完上层清液后，向盛有沉淀的容器中，加入少量洗涤剂(通常为蒸馏水)，见图3-45。充分搅拌，待沉淀沉降后再用倾析法倾去清液。如此反复2～3次，即能将沉淀洗净。

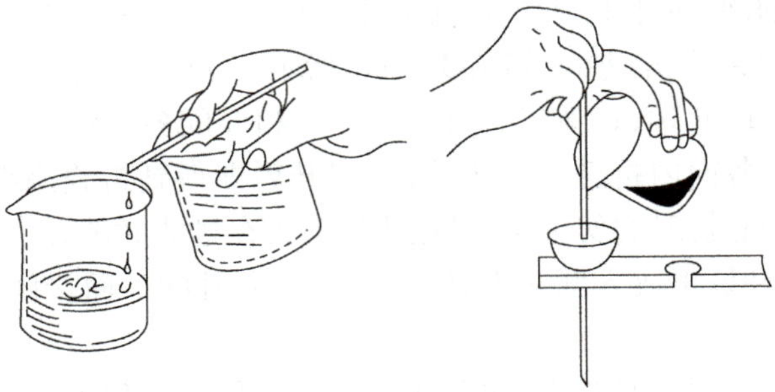

图 3-44　倾析法

图 3-45　洗涤沉淀

2）过滤法

见本实验内容“固体物质的提纯”中“过滤”。

3）离心分离法

试管中少量溶液与沉淀的分离，常采用离心分离法，该方法操作简单而迅速。离心分离常在离心机上进行。离心机外形见图 3-46。

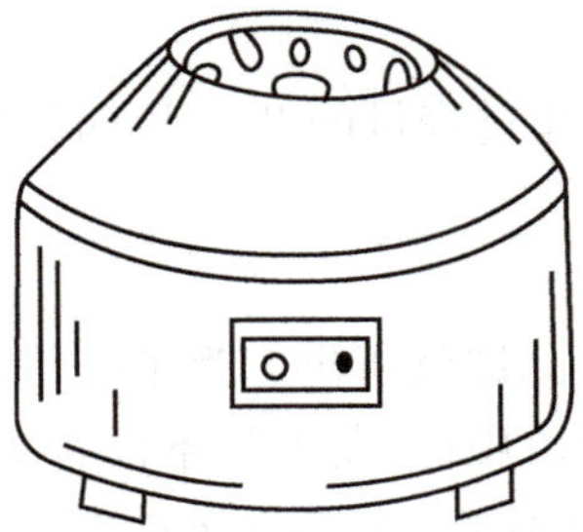

图 3-46　离心机

操作时，把盛有溶液与沉淀的离心管放到离心机的试管套内，与之相对称的另一个试管套内要放与混合物等体积水的离心管，以便离心机在旋转时两臂保持平衡，防止损坏离心机机轴。盖上离心机盖，接通离心机电源，启动开关，用转速调节旋钮选择适当的转速，停止离心时，应使离心机自然停止转动，不可用手或其他物件强制使其停止转动，否则会使离心机损坏，且易发生危险。

待离心机停止转动后，打开机盖，从离心管口的两侧捏住其边缘，从套管中取出离心管。由于离心的作用，沉淀沉入离心管底部，用一干净的滴管小心吸出清液，吸上层清液时注意滴管插入溶液的深度和角度，其尖端不要接触沉淀，见图 3-47。如果沉淀需要洗涤，向离心管中加入少量去离子水，用玻璃棒充分搅动，再进行离心分离，如此重复操作 2～3 次即可。

3. 加热方法

加热操作可分为直接加热和间接加热。直接加热是将盛放被加热物的器皿直接放在热源中加热。间接加热是将盛放被加热物的器皿放在加热介质中加热。

1）直接加热

（1）液体的直接加热：根据加热液体量的多少及蒸发的快慢，可选择在试管、烧杯和蒸发皿中进行。在试管中加热液体的操作见实验五。在烧杯、烧瓶中加热

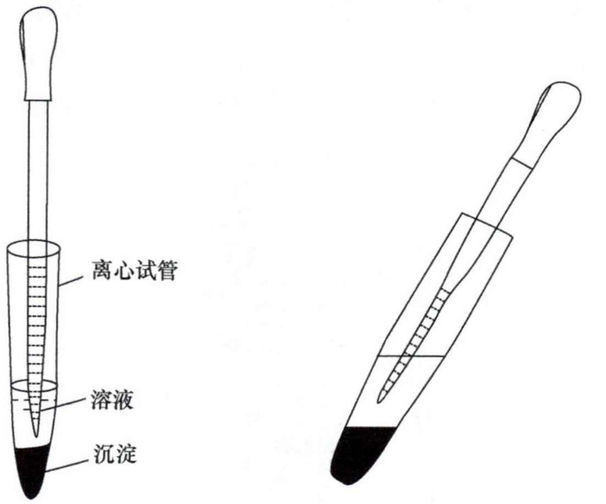

图 3-47　用滴管吸取上层清液

液体时，液体量不应超过烧杯容量的 1/2 和烧瓶容量的 1/3。加热烧杯或烧瓶时，容器下面需垫上石棉网(图 3-48)，烧杯加热时需搅拌，烧瓶加热时视情况可放几粒沸石，以免暴沸。蒸发浓缩液体时常在蒸发皿中进行，蒸发皿中的液体量不应超过蒸发皿容量的 2/3。

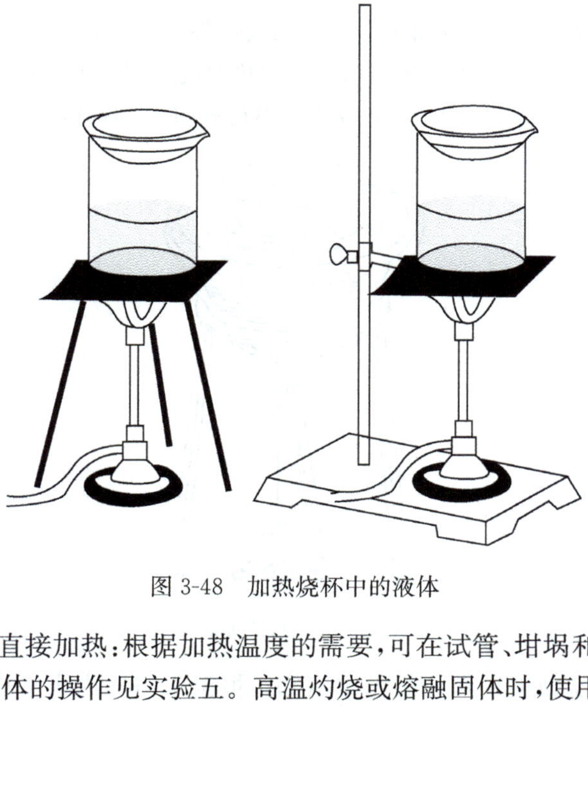

图 3-48　加热烧杯中的液体

(2) 固体的直接加热：根据加热温度的需要，可在试管、坩埚和马弗炉中加热。在试管中加热固体的操作见实验五。高温灼烧或熔融固体时，使用坩埚加热，加热前应根据被灼烧物质性质选择不同材质的坩埚。加热坩埚时，应放在泥三角上，先小火后大火，灼烧完毕后，用干净的且在火焰上预热过的坩埚钳夹取，见图 3-49。如需加热温度更高、且为不易挥发的腐蚀性物质时，可在马弗炉中进行加热。

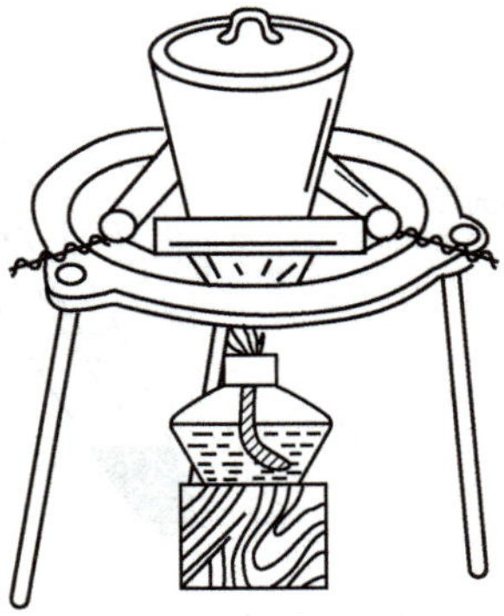

图 3-49　用坩埚灼烧固态物质

2）间接加热

热浴是将容器置于热浴物质内，让热浴物质的温度缓慢升高到一定的程度，再让其缓慢冷却，从而改善容器热传递性能，使容器受热均匀。热浴方法有水浴、油浴、砂浴、铅浴等。

（1）水（液）浴加热：水浴加热用水浴锅或烧杯等容器，见图 3-50。当加热温度低于 100℃时，锅内盛装水作为热浴液，当加热温度超过 100℃时，则用无机盐饱和水溶液作为热浴液。水浴锅内的热浴液量不得超过其容量的 2/3。

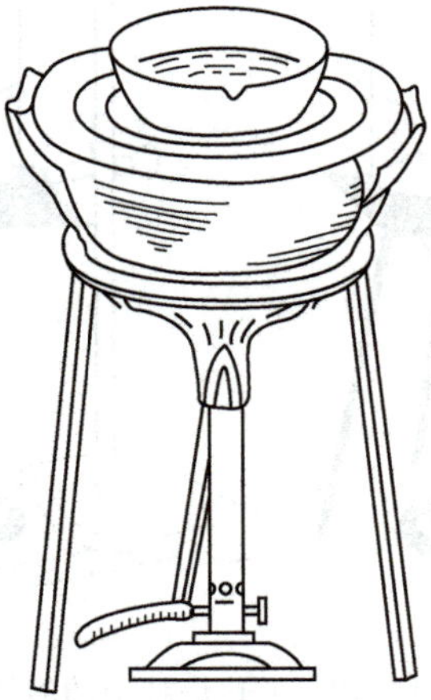

图 3-50　水浴加热

实验需要恒温加热时可用恒温水浴锅。恒温水浴锅内水平放置不锈钢 U 形管状加热器，水槽上放有带孔的铝制搁板，见图 3-51。恒温水浴锅广泛用于干燥、浓缩和蒸馏等，还可以用于温控实验，具有自动温控，温控精确（有数字显示），操作简便，使用安全等特点。

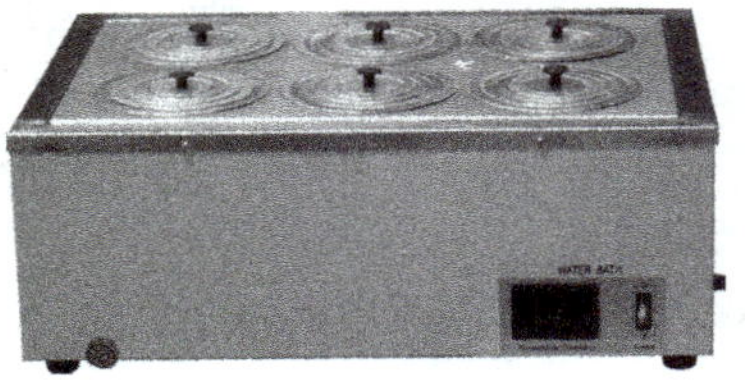

图 3-51 恒温水浴锅

(2) 油浴加热：用较高温度下不分解的油类物质代替水浴锅中的水进行加热。油浴加热提供的温度为 100～260℃。

(3) 砂浴加热：如果所需的加热温度超出油浴加热提供的温度，应用砂浴加热。砂浴加热提供的温度为 400～600℃。在铁盘中盛装一层均匀的细砂，加热的器皿部分被埋在砂中，用明火加热。砂浴装置见图 3-52。

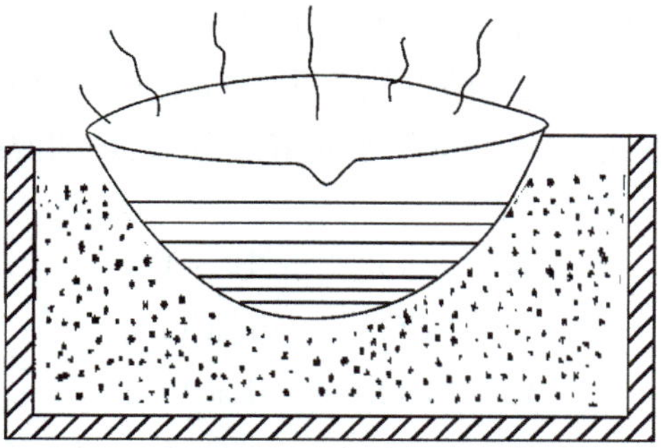

图 3-52 砂浴加热

(4) 铅浴加热：对于更高温度要求，温度为 350～1740℃的可用铅浴加热，但实验室很少使用。

第4章　基本理论实验

实验八　粗盐的提纯

一、实验目的

（1）掌握常见仪器的使用方法。

（2）掌握称量、溶解、沉淀、过滤、蒸发等基本操作。

（3）了解提纯无机物的基本方法。

二、实验原理

粗盐中含有难溶性杂质（如泥沙等）及可溶性杂质（如 Ca^{2+}、Mg^{2+}、SO_4^{2-}、K^+、NO_3^- 等）。难溶性杂质可通过过滤方法除去，可溶性杂质需通过化学方法处理。在粗盐溶液中加入 $BaCl_2$ 溶液可除去 SO_4^{2-}。Ca^{2+}、Mg^{2+} 和多余的 Ba^{2+}，可用 Na_2CO_3 溶液产生沉淀后用过滤的方法除去。过量的 Na_2CO_3 用 HCl 溶液中和。其他 K^+、NO_3^- 等可溶性杂质，经蒸发浓缩溶液后，趁热抽滤除去。有关的离子反应方程式如下：

$$Ba^{2+} + SO_4^{2-} = BaSO_4 \downarrow$$

$$Ca^{2+} + CO_3^{2-} = CaCO_3 \downarrow$$

$$Ba^{2+} + CO_3^{2-} = BaCO_3 \downarrow$$

$$2Mg^{2+} + 2CO_3^{2-} + H_2O = CO_2 \uparrow + Mg_2(OH)_2CO_3 \downarrow$$

$$CO_3^{2-} + 2H^+ = CO_2 \uparrow + H_2O$$

三、仪器及试剂

电子天平，电炉，石棉网，烧杯（100mL），量筒（10mL），玻璃棒，塑料洗瓶，普通漏斗，漏斗架，布氏漏斗，吸滤瓶，水泵，胶头滴管，蒸发皿，pH 试纸，药匙，滤纸。

粗盐，HCl（$6mol \cdot L^{-1}$），$BaCl_2$（$1mol \cdot L^{-1}$），NaOH（$6mol \cdot L^{-1}$），饱和 Na_2CO_3，饱和 $(NH_4)_2C_2O_4$，镁试剂Ⅰ。

四、实验内容

1. 称量

在台秤上称取 5g 粗食盐，置于 100mL 烧杯中。

2. 溶解

用量筒量取 15mL 去离子水加到装有粗食盐的烧杯中，搅拌并加热使粗盐溶解。此时如有不溶物也无须过滤处理，待下一步沉淀一起处理。

3. 沉淀

用滴管向上述溶液中逐滴加入 1mol · L^{-1} $BaCl_2$ 溶液约 1mL(20～30 滴)，充分搅拌，加热溶液使生成的沉淀沉降后，沿烧杯内壁向上层清液中加入 2～3 滴 $BaCl_2$ 溶液，观察是否浑浊，如有浑浊，说明 SO_4^{2-} 尚未除尽，则需向溶液中继续滴加 $BaCl_2$ 溶液，直至 SO_4^{2-} 沉淀完全为止。

4. 过滤

用常压过滤方法除去难溶性杂质及生成的沉淀物 $BaSO_4$，收集滤液。

5. 再沉淀

向滤液中缓慢滴加饱和 Na_2CO_3 溶液，充分搅拌，加热至沸，待生成的沉淀沉降后，向上层清液中沿烧杯内壁加 2～3 滴饱和 Na_2CO_3 溶液，检查沉淀是否完全。如有浑浊，说明 Ca^{2+}、Mg^{2+} 尚未除尽，需继续滴加饱和 Na_2CO_3 溶液，直到检查不显浑浊为止。常压过滤含有 $CaCO_3$、$BaCO_3$ 等沉淀的溶液，再次收集滤液。

6. 中和

向上述滤液中，逐滴加入 6mol · L^{-1} HCl 溶液，以除去多余的 CO_3^{2-}。随时用 pH 试纸测溶液的酸度，直到溶液 pH 为 2～3 为止。

7. 蒸发浓缩

将中和后的溶液蒸发浓缩至大量晶体析出，且溶液呈稀粥状时，趁热减压抽滤。此步骤除去了 K^+、NO_3^-，得到了纯净的氯化钠。

8. 检验纯度

取少许纯净氯化钠，溶于 10mL 水，分装在三支试管中。

(1) SO_4^{2-} 的检验，先向溶液中加入 1～2 滴 6mol · L^{-1} HCl，再加入 2 滴 1mol · L^{-1} $BaCl_2$ 溶液，观察有无白色沉淀生成。如有白色沉淀，说明 SO_4^{2-} 未除尽。

(2) Ca^{2+} 的检验，向溶液中加入 2 滴饱和 $(NH_4)_2C_2O_4$ 溶液，若有白色沉淀(浑浊)生成，说明 Ca^{2+} 未除尽。

(3) Mg^{2+}的检验，取2滴溶液放在点滴板上，加1滴6mol·L^{-1} NaOH溶液，再加入1～2滴镁试剂Ⅰ，如生成蓝色沉淀，说明Mg^{2+}未除尽。

五、思考题

(1) 为什么要先加入$BaCl_2$，后加入Na_2CO_3？加入的顺序能不能调换？

(2) 杂质离子的沉淀为何要在加热近沸的条件下进行？

(3) 若加入$BaCl_2$将SO_4^{2-}沉淀后，随即再加入Na_2CO_3，只进行一次沉淀，一次过滤，可以吗？

(4) 蒸发浓缩含食盐的滤液为什么不能蒸干？

实验九　铝锌合金中组分含量的测定

一、实验目的

(1) 掌握理想气体状态方程式和分压定律的应用。

(2) 学习分析天平及气压计的使用方法。

(3) 掌握气体体积测定和简单实验仪器安装的方法。

二、实验原理

精确称取一定质量的铝锌合金样品与过量的盐酸反应,反应方程式为

$$Zn+2H^{+}=\!=\!=Zn^{2+}+H_2\uparrow$$

$$Al+3H^{+}=\!=\!=Al^{3+}+\frac{3}{2}H_2\uparrow$$

设铝锌合金的中铝的质量分数为 w,则有如下关系式:

$$n(H_2)=\frac{3m\cdot w}{2M(Al)}+\frac{m\cdot(1-\omega)}{M(Zn)} \tag{4-1}$$

式中,m 为铝锌合金样品质量;$n(H_2)$为生成氢气的物质的量;$M(Al)$和$M(Zn)$分别为 Al 和 Zn 的摩尔质量。

根据气体分压定律,反应前,当量气管和漏斗液面相平时,有

$$p=p(空气)+p(H_2O) \tag{4-2}$$

反应后,当量气管和漏斗液面相平时,则有

$$p=p'(空气)+p'(H_2O)+p(H_2) \tag{4-3}$$

上述两式中,p 为大气压;$p(H_2)$为反应生成 H_2 的分压;p(空气)、p'(空气)分别为反应前、后量气管中所密封的空气的分压;$p(H_2O)$、$p'(H_2O)$ 分别为反应前、后量气管中所密封的饱和水蒸气的分压。

如反应前后量气管中封闭气体的温度相等,则

$$p(H_2O)=p'(H_2O)$$

根据理想气体状态方程,有

$$p(空气)V_1=p'(空气)V_2$$

式(4-3)$\times V_2-$式(4-2)$\times V_1$,得

$$p(V_2-V_1)=p(H_2O)(V_2-V_1)+p(H_2)V_2$$

$$n(H_2)=\frac{[p-p(H_2O)](V_2-V_1)}{RT} \tag{4-4}$$

根据式(4-1)和式(4-4),得

$$\frac{3m\cdot w}{2M(Al)}+\frac{m\cdot(1-\omega)}{M(Zn)}=\frac{[p-p(H_2O)](V_2-V_1)}{RT} \tag{4-5}$$

由式(4-5)即可求出铝锌合金中铝、锌组分的含量。

实验时的温度和压力可分别由温度计和气压计测得。水的饱和蒸气压可在附录2中查得。

三、仪器及试剂

温度计,气压计,电子天平,长颈漏斗,试管,滴定管夹,铁架台,玻璃棒,橡皮管,量筒(10mL),烧杯(100mL),量气管(50mL)。

HCl(2mol · L^{-1}),铝锌合金片。

四、实验内容

1. 安装装置

按图4-1所示安装好装置。装好后,取下试管,用烧杯盛自来水,从漏斗徐徐注水,使漏斗和量气管中都充满水,量气管的水面刻度控制在0～5mL。装上试管,将塞子塞紧。

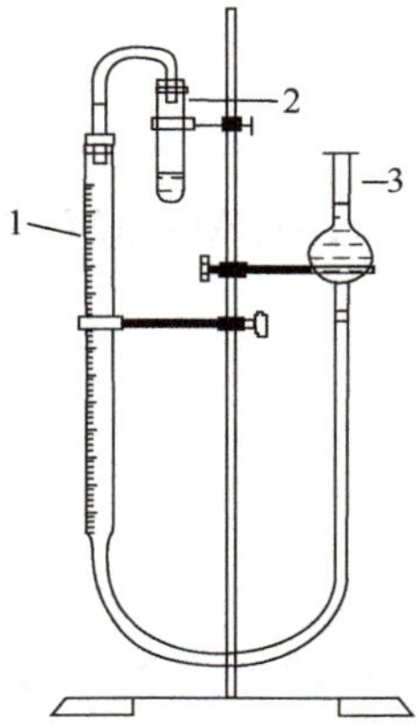

图4-1　实验装置

1. 量气管;2. 试管;3. 漏斗

2. 检漏

将漏斗向下移动某一定位置,若量气管中的水面稍稍下降,以后不再继续下降,说明装置不漏气。若水面继续下降,说明装置漏气,应检查各连接处是否严密,重复操作直至不漏气为止。

3. 称取铝锌合金样品

在电子天平上称取0.025～0.035g的铝锌合金样品。

4. 加酸、放置合金样品

取下试管,用量筒量取4mL 2mol · L^{-1}的HCl溶液,将HCl溶液用长颈漏斗注入试管中,切勿使酸沾在试管壁上。将称量好的合金样品蘸少许水,用玻璃棒轻推至倾斜的试管内,使之贴在试管内壁的中部,确保合金样品不与酸接触。装好试管,控制量气管水面在刻度为0～5mL,塞紧橡皮塞,并再次检查装置是否漏气。

确保装置不漏气后,调整漏斗位置,使其液面与量气管内液面在同一水平面,记下量气管内液面的位置V_1。

5. 启动反应，测量氢气体积

将试管底部略微抬高(切勿使装置漏气)，使酸液接触合金样品后，合金样品即能滑入酸中。这时反应产生的氢气进入量气管中，将管内的水压到漏斗中。为避免量气管中压力过大而造成漏气，在量气管内水平面下降的同时，慢慢下移漏斗，使两者的水面基本保持相同水平。

反应结束后，待试管冷却至室温，量气管内的水面在 3min 内不再改变，移动漏斗，使漏斗液面与量气管液面相平，记下量气管中水面位置 V_2。

6. 数据处理

记录实验时的室温和大气压力，从附录 2 中查出相应温度下水的饱和蒸气压。将实验数据填入表 4-1 中，计算出铝锌合金中铝、锌的质量分数。

表 4-1　铝锌合金组分含量的测定

铝锌合金质量　m/g	
反应前量气管液面读数　V_1/mL	
反应后量气管液面读数　V_2/mL	
大气压　$p_{(空气)}$/kPa	
室温　T/K	
室温时水的饱和蒸气压　$p(H_2O)$/Pa	
合金中铝的质量分数　w/%	
合金中锌的质量分数　$(1-w)$/%	

五、思考题

(1) 在读取量气管中水面的读数时，为什么要使漏斗中的水面与量气管中的水面相平？

(2) 检查实验装置是否漏气的原理是什么？如果装置漏气，对实验有何影响？

(3) 考虑下列情况对实验结果有何影响？

① 读数时，量气管的温度高于室温。

② 合金样品装入时碰到酸。

③ 反应过程中，由量气管压入漏斗的水过多而溢出。

④ 量气管没有洗净，排水后内壁沾有水珠。

⑤ 量气管内气泡未赶尽。

实验十 化学反应速率、反应速率常数的测定

一、实验目的

(1) 了解浓度、温度及催化剂对反应速率的影响。

(2) 测定过二硫酸铵和碘化钾反应的反应速率及反应级数，求算在一定温度下的反应速率常数。

(3) 练习试管操作及在水浴中的恒温操作。

二、实验原理

在水溶液中，过二硫酸铵和碘化钾发生反应的离子反应方程式为

$$S_2O_8^{2-}+3I^- = 2SO_4^{2-}+I_3^- \tag{4-6}$$

该反应的速率方程为

$$v=k[c(S_2O_8^{2-})]^m[c(I^-)]^n$$

式中，v 为反应速率；k 为速率常数；m、n 之和为反应级数。测定该反应的平均反应速率，可以通过测定一段时间 Δt 内的反应物浓度的变化 $\Delta c(S_2O_8^{2-})$来获得。

为了测定在一定时间 Δt 内的 $S_2O_8^{2-}$ 浓度的改变量，在混合$(NH_4)_2S_2O_8$ 和 KI 溶液的同时，加入一定量的 $Na_2S_2O_3$ 溶液和淀粉溶液(指示剂)，因而在反应(4-6)进行的同时，还进行如下反应：

$$2S_2O_3^{2-}+I_3^- = S_4O_6^{2-}+3I^- \tag{4-7}$$

反应(4-7)进行得很快，瞬间可完成，反应(4-6)却慢很多。反应(4-6)生成的 I_3^- 与 $Na_2S_2O_3$ 迅速反应生成无色的 $S_4O_6^{2-}$ 和 $3I^-$。当 $Na_2S_2O_3$ 耗尽，反应(4-6)生成的微量 I_3^- 就立即与淀粉作用，使溶液呈现蓝色。

由式(4-6)和式(4-7)的关系可知，$S_2O_8^{2-}$ 浓度减少的量等于 $S_2O_3^{2-}$ 浓度减少的量的一半：

$$\Delta c(S_2O_8^{2-})=\Delta c(S_2O_3^{2-})/2$$

又由于在 Δt 时间段内 $S_2O_3^{2-}$ 全部反应，故反应速率方程写为

$$\begin{aligned} v &= -\Delta c(S_2O_8^{2-})/\Delta t \\ &= -\Delta c(S_2O_3^{2-})/2\Delta t \\ &= c_{初始}(S_2O_3^{2-})/2\Delta t \\ &= k[c(S_2O_8^{2-})]^m[c(I^-)]^n \end{aligned}$$

$\Delta c(S_2O_3^{2-})$数值等于反应开始时 $Na_2S_2O_3$ 的浓度，即为 $Na_2S_2O_3$ 的初始浓度。只要记下从反应开始到溶液出现蓝色所需要的时间 Δt，就可以求算出反应速率 $\Delta c(S_2O_8^{2-})/\Delta t$，进而求算出反应级数和反应速率常数 k。

三、仪器及试剂

秒表，温度计(0～100℃)，烧杯，量筒，试管，玻璃棒，恒温水浴锅。

$(NH_4)_2S_2O_8$(0.20mol · L^{-1})，KI(0.20mol · L^{-1})，KNO_3(0.20mol · L^{-1})，$Na_2S_2O_3$(0.010mol · L^{-1})，$(NH_4)_2SO_4$(0.20mol · L^{-1})，$Cu(NO_3)_2$(0.020mol · L^{-1})，0.2%淀粉溶液。

四、实验内容

1. 浓度对化学反应速率的影响

分别用量筒准确量取 20mL 0.20mol · L^{-1} KI，8mL 0.010mol · L^{-1} $Na_2S_2O_3$ 和 2mL 0.2% 淀粉溶液，于 100mL 烧杯中混合。再用量筒准确量取 20mL 0.20mol · L^{-1} $(NH_4)_2S_2O_8$ 溶液，迅速加到盛有混合溶液的烧杯中，立即按动秒表计时，并用玻璃棒不断搅拌。当溶液刚出现蓝色时，立即停止计时，记录反应时间，记入表 4-2 中。

用上述实验方法改变试剂用量，重复实验编号 2～5。为了使反应体系中的离子强度和总体积保持不变，所减少的 KI 或 $(NH_4)_2S_2O_8$ 的用量分别用 0.20mol · L^{-1} KNO_3 和 0.20mol · L^{-1} $(NH_4)_2SO_4$ 来补充，见表 4-2。

分别计算出实验编号 1～5 中参加反应的试剂初始浓度、反应速率、反应级数(m、n)和反应速率常数 k，将实验数据一一填入表中。

反应级数的求算如下：

$$-\Delta c(S_2O_8^{2-})/\Delta t = -\Delta c(S_2O_3^{2-})/2\Delta t = c_{初始}(S_2O_3^{2-})/2\Delta t = k[c(S_2O_8^{2-})]^m[c(I^-)]^n$$

实验编号 1　$c_{初始}(S_2O_3^{2-})/2\Delta t_1 = k[c_1(S_2O_8^{2-})]^m[c_1(I^-)]^n$

实验编号 2　$c_{初始}(S_2O_3^{2-})/2\Delta t_2 = k[c_2(S_2O_8^{2-})]^m[c_2(I^-)]^n$

由于在本实验中的每份混合液中 $Na_2S_2O_3$ 的初始浓度都相同，在实验编号 1 和实验编号 2 中的 I^- 浓度也相同，故有

$$\Delta t_2/\Delta t_1 = [c_1(S_2O_8^{2-})]^m/[c_1(S_2O_8^{2-})]^m$$

求算出 m。

实验编号 4　$c_{初始}(S_2O_3^{2-})/2\Delta t_4 = k[c_4(S_2O_8^{2-})]^m[c_4(I^-)]^n$

在实验编号 1 和实验编号 4 中的 $S_2O_8^{2-}$ 浓度也相同，同理有

$$\Delta t_4/\Delta t_1 = [c_1(I^-)]^n/[c_4(I^-)]^n$$

求算出 n。

求出反应速率 v 及 m、n 后，即可根据速率方程求算出反应速率常数 k。

表 4-2 浓度对化学反应速率的影响 $t=$____℃

实验编号		1	2	3	4	5
试剂用量 V/mL	$0.20mol \cdot L^{-1}$ KI	20	20	20	10	5
	$0.010mol \cdot L^{-1} Na_2S_2O_3$	8	8	8	8	8
	0.2%淀粉溶液	2	2	2	2	2
	$0.20mol \cdot L^{-1} KNO_3$	0	0	0	10	15
	$0.20mol \cdot L^{-1} (NH_4)_2SO_4$	0	10	15	0	0
	$0.20mol \cdot L^{-1} (NH_4)_2S_2O_8$	20	10	5	20	20
初始浓度 $c/(mol \cdot L^{-1})$	$(NH_4)_2S_2O_8$					
	KI					
	$Na_2S_2O_3$					
反应时间 Δt/s						
$S_2O_8^{2-}$ 的浓度变化 $\Delta c(S_2O_8^{2-})/(mol \cdot L^{-1})$						
反应速率 v						
反应速率常数 k						
反应级数		$m=$	,$n=$		,$m+n=$	

实验结论：

2. 温度对化学反应速率的影响

分别将 10mL $0.20mol \cdot L^{-1}$ KI、8mL $0.010mol \cdot L^{-1}$ $Na_2S_2O_3$、10mL $0.20mol \cdot L^{-1}$ KNO_3 和 2mL 淀粉溶液加入烧杯中，搅拌均匀。在另一个烧杯中加入 20mL $0.20mol \cdot L^{-1}$ $(NH_4)_2S_2O_8$ 溶液。将两个烧杯同时放入热水浴中，在高于室温 10℃时，把加热的 $(NH_4)_2S_2O_8$ 迅速倒入另一烧杯中，搅拌，同时按动秒表计时。当溶液刚出现蓝色时，停止计时。记录反应时间和温度，记作实验编号 6，填入表 4-3。用同样方法在高于室温 20℃重复上述实验，记录反应时间和温度，记作实验编号 7，填入表 4-3。

表 4-3 温度对化学反应速率的影响

实验编号	反应温度/℃	反应时间 Δt/s	实验结论
4			
6			
7			

3. 催化剂对化学反应速率的影响

分别将 10mL 0.20mol · L^{-1} KI、8mL 0.010mol · L^{-1} $Na_2S_2O_3$、10mL 0.20mol · L^{-1} KNO_3 和 2mL 淀粉溶液加入烧杯中，搅拌均匀，再加入 1 滴 0.020mol · L^{-1} $Cu(NO_3)_2$ 溶液，搅拌均匀，迅速加入 20mL 0.20mol · L^{-1} $(NH_4)_2S_2O_8$ 溶液，搅拌，记录反应时间，记作实验编号 8，填入表 4-4 中。

表 4-4　催化剂对化学反应速率的影响　　$t=$____℃

实验编号	$Cu(NO_3)_2$ 的滴数	反应时间 $\Delta t/s$	实验结论
4			
8			
9			

将 1 滴 0.020mol · $L^{-1}$$Cu(NO_3)_2$ 溶液改为 2 滴，重复上述实验，记作实验编号 9，填入表 4-4 中。

将上述实验的反应时间与表 4-2 中的实验编号 4 的反应时间进行比较，得出定性结论。

五、思考题

(1) 为什么要加入 KNO_3 或 $(NH_4)_2SO_4$ 溶液？

(2) 为什么最后加入 $(NH_4)_2S_2O_8$ 溶液？若先加入 $(NH_4)_2S_2O_8$ 溶液时，对实验结果会有何影响？

(3) 若此反应不用 $S_2O_8^{2-}$ 的浓度变化来计算，而是用 I^- 或 I_3^- 的浓度变化，速率常数有无不同？

实验十一　乙酸解离平衡常数及解离度的测定和缓冲溶液的配制及性质

一、实验目的

(1) 加深对解离平衡常数及解离度概念的理解。
(2) 掌握缓冲溶液的配制方法，了解缓冲溶液的性质。
(3) 学习酸度计的使用方法。

二、实验原理

1. 乙酸解离平衡常数及解离度的测定

乙酸(HAc)是弱电解质，在水溶液中存在着下列解离平衡：

$$\mathrm{HAc} \rightleftharpoons \mathrm{H^+} + \mathrm{Ac^-}$$

	HAc	H^+	Ac^-
$c_{初始}/(\mathrm{mol \cdot L^{-1}})$	c	0	0
$c_{平衡}/(\mathrm{mol \cdot L^{-1}})$	$c-c\alpha$	$c\alpha$	$c\alpha$

其中，c 为 HAc 的初始浓度；α 为解离度。HAc 的解离常数 $K_a^\ominus$ 为

$$K_a^\ominus = [c(\mathrm{H^+})/c^\ominus][c(\mathrm{Ac^-})/c^\ominus]/[c(\mathrm{HAc})/c^\ominus]$$
$$= [c(\mathrm{H^+})/c^\ominus]^2/[c/c^\ominus - c(\mathrm{H^+})/c^\ominus] \tag{4-8}$$

式(4-8)中，$c(\mathrm{H^+})$、$c(\mathrm{Ac^-})$、$c(\mathrm{HAc})$ 均为平衡浓度。一般情况下，当$(c/c^\ominus)/K_a^\ominus \geqslant 500$，则弱酸的解离度 $\alpha < 5\%$，此时采用近似计算，$c - c(\mathrm{H^+}) \approx c$，则

$$K_a^\ominus = [c(\mathrm{H^+})/c^\ominus]^2/[c/c^\ominus]$$

根据解离度定义，有

$$\alpha = c(\mathrm{H^+})/c \times 100\% \tag{4-9}$$

在一定温度下，用酸度计测定 HAc 溶液的 pH，即可求得溶液中的 $c(\mathrm{H^+})$，根据式(4-8)、式(4-9)分别求算出 $K_a^\ominus$ 和 α。

2. 缓冲溶液的配制及性质

弱酸及其共轭碱或弱碱及其共轭酸组成的溶液能够抵抗外加的少量酸碱或稀释而基本保持溶液 pH 不变的作用称为缓冲作用，具有缓冲作用的溶液称为缓冲溶液。

弱酸及其共轭碱组成的缓冲溶液的 pH 可由下式求出：

$$\mathrm{pH} = \mathrm{p}K_a^\ominus - \lg[(c_a/c^\ominus)/(c_b/c^\ominus)]$$

式中，$K_a^\ominus$ 为弱酸的解离平衡常数；c_a 和 c_b 分别为弱酸及其共轭碱在缓冲溶液中的平衡浓度。

弱碱及其共轭酸组成的缓冲溶液的 pH 可由下式求出：

$$pOH = pK_b^\ominus - \lg[(c_b/c^\ominus)/(c_a/c^\ominus)]$$

式中，$pK_b^\ominus$ 为弱碱的解离平衡常数；c_b 和 c_a 分别是弱碱及其共轭酸在缓冲溶液中的平衡浓度。

三、仪器及试剂

量筒(10mL)，量筒(25mL)，量筒(50mL)，量筒(100mL)，烧杯(50mL)，烧杯(100mL)，酸度计。

HAc(0.1mol · L^{-1})，NaAc(0.1mol · L^{-1})，$NH_3 \cdot H_2O$(0.1mol · L^{-1})，NH_4Cl(0.1mol · L^{-1})，NaOH 溶液(0.100mol · L^{-1})。

四、实验内容

1. 乙酸解离平衡常数及电离度的测定

分别用量筒量取 0.1mol · L^{-1} HAc 6.00mL、12.00mL、24.00mL、48.00mL 置于 50mL 烧杯中，用蒸馏水稀释至 48.00mL，计算出这 4 份 HAc 溶液的浓度。按由稀到浓的顺序用酸度计分别测定 HAc 溶液的 pH，并记录温度。

将测得数据进行处理，分别求算各浓度 HAc 的电离度及其解离平衡常数，把数值填入表 4-5 中。

表 4-5　HAc 溶液的解离平衡常数和电离度的测定　　t=____℃

编号	0.1mol · L^{-1} HAc 体积/mL	稀释后体积 /mL	初始 c /(mol · L^{-1})	pH 实测值	平衡时 c_{H^+} /(mol · L^{-1})	α	$K_a^\ominus$	
							测定值	平均值
1	6.00	48.00						
2	12.00	48.00						
3	24.00	48.00						
4	48.00	48.00						

2. 缓冲溶液的配制及性质

1) 缓冲溶液的配制

利用 0.1mol · L^{-1} HAc、0.1mol · L^{-1} NaAc、0.1mol · L^{-1} $NH_3 \cdot H_2O$、0.1mol · L^{-1} NH_4Cl 溶液，配制 pH=4.00、pH=9.00 的两种缓冲溶液各 80mL。用酸度计测定各缓冲溶液的 pH，将数据记入表 4-6 中。比较实测值和理论值是否相符，缓冲溶液保留待用。

表 4-6 缓冲溶液的配制

缓冲溶液	pH	缓冲组分	各组分体积 V/mL	pH(实测值)
1	4.00			
2	9.00			

2）缓冲溶液的性质

取 3 个 100mL 的烧杯，各加入上述配制好的 pH＝4.00 左右的缓冲溶液 25mL，再分别滴加 10 滴 0.1mol·L^{-1} HCl 溶液，10 滴 0.1mol·L^{-1} NaOH 溶液和 25mL 蒸馏水。混匀后，用酸度计测定各溶液的 pH，将实验结果记录于表 4-7中。

表 4-7 缓冲溶液的性质

溶液	pH_1	加入试剂	pH_2	ΔpH
pH＝4.00 的缓冲溶液		10 滴 HCl 溶液		
		10 滴 NaOH 溶液		
		25mL 蒸馏水		
pH＝9.00 的缓冲溶液		10 滴 HCl 溶液		
		10 滴 NaOH 溶液		
		25mL 蒸馏水		
68mL0.1mol·L^{-1} HAc 溶液和 12mL 蒸馏水		10 滴 HCl 溶液		
		10 滴 NaOH 溶液		
12mL0.1mol·L^{-1} NaAc 溶液和 68mL 蒸馏水		10 滴 HCl 溶液		
		10 滴 NaOH 溶液		

将 pH＝9.00 左右的缓冲溶液重复上述操作。

取 68mL 0.1mol·L^{-1} HAc 溶液和 12mL 蒸馏水，混匀后用酸度计测定其 pH。各取该溶液 25mL，分别加入 10 滴 0.1mol·L^{-1} HCl 溶液，10 滴 0.1mol·L^{-1} NaOH 溶液，混匀后，用酸度计测定各溶液的 pH，将实验结果记录于表 4-7。

取 12mL 0.1mol·L^{-1} NaAc 溶液和 68mL 蒸馏水，混合，重复上述操作。

五、思考题

（1）解离度和解离常数之间有何区别和联系？它们是否受温度的影响？

（2）若所用 HAc 溶液的浓度极稀，是否还能用 $K_a^{\ominus} \approx c(H^+)^2/c$ 求解离常数？

(3) 为什么缓冲溶液具有缓冲能力?

附　PHS-3C 型数字酸度计使用说明

PHS-3C 型数字酸度计由主机、复合电极组成，主机上有四个旋钮，分别是选择、温度、斜率和定位旋钮，见图 4-2。

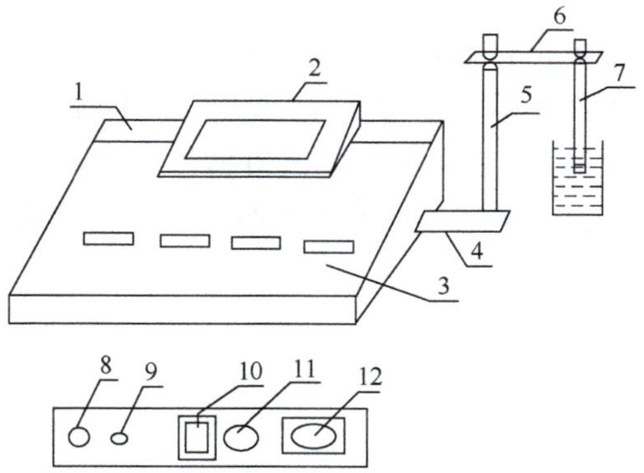

图 4-2　PHS-3C 型数字酸度计

1. 机箱；2. 显示屏；3. 键盘；4. 电极梗座；5. 电极架；6 电极夹；7. 复合电极；
8. 测量电极插座；9. 温度电极插座；10. 电源开关；11. 保险丝座；12. 电源插座

1. 工作原理

PHS-3C 型数字酸度计是利用复合电极对被测溶液中不同酸度产生的电动势，通过前置 pH 放大器输到 A/D 转换器，以达到 pH 数字显示。此外，配合使用离子选择性电极，还可以测出该电极的电极电势。

2. 操作步骤

(1) 预热。安装好仪器和电极，打开仪器后部的电源开关，预热半小时。①调节选择旋钮至 pH 挡；②调节温度旋钮至测量温度；③调节斜率旋钮为最大值 100%。

(2) 校准。采用两点定位校准法。①打开电极套管，用蒸馏水清洗电极头部，用滤纸吸干；②将复合电极插入 pH 为 6.86 的标准缓冲溶液中，用定位旋钮调节，使仪器读数为缓冲溶液的 pH；③移出复合电极，用蒸馏水清洗电极头部，用滤纸吸干；④再将复合电极插入 pH 为 4.00 的标准缓冲溶液中，用斜率旋钮调节，使仪器读数为缓冲溶液的 pH。

(3) 测量 pH。将复合电极插入待测溶液中，记录读数。

3. 使用注意事项

(1) 保持复合电极球泡的湿润，若干枯，使用前应用 3mol · L^{-1} KCl 浸泡几小时，以降低电极的不对称电势。

(2) 配制标准缓冲溶液所用的蒸馏水，应预先煮沸 15～30min，除去溶解的二氧化碳。

(3) 复合电极的外参比补充液为 3mol · L^{-1}KCl，补充液用滴管从电极上端小孔加入，复合电极不使用时，拉上橡皮套，防止补充液干涸。

(4) 电极长期使用后，电极容易钝化，可将电极下端浸泡在 4%HF 溶液中 3～5s，用蒸馏水洗净，然后在电极浸泡溶液中浸泡 24h，使其恢复性能。

实验十二　沉淀溶解平衡

一、实验目的

(1) 加深对溶度积原理的理解和掌握，了解影响沉淀溶解平衡的因素。

(2) 掌握沉淀生成、沉淀溶解、沉淀转化的条件。

(3) 利用溶度积原理分离金属离子。

(4) 学习离心机的使用，掌握离心分离操作。

二、实验原理

1. 沉淀溶解平衡与溶度积常数

一定温度下，难溶性强电解质 A_mB_n 水溶液中，达到沉淀溶解的多相平衡：

$$A_mB_n(s) \rightleftharpoons mA^{n+}(aq) + nB^{m-}(aq)$$

该反应的平衡常数为

$$K_{sp}^{\ominus}(A_mB_n, s) = [c^{eq}(A^{n+})/c^{\ominus}]^m \cdot [c^{eq}(B^{m-})/c^{\ominus}]^n$$

$K_{sp}^{\ominus}$称为溶度积，只与难溶性电解质的性质和温度有关，其数值反映了难溶性强电解质在水中的溶解度大小。同类型难溶性强电解质，可以直接用 $K_{sp}^{\ominus}$ 比较其溶解度大小，溶度积的数值越大，其溶解度越大；不同类型的难溶性强电解质，不能用 $K_{sp}^{\ominus}$的大小来比较其溶解度大小，必须经过计算。

2. 离子积与溶度积原理

任一状态下，难溶电解质 A_mB_n 的离子积为

$$Q = [c(A^{n+})/c^{\ominus}]^m \cdot [c(B^{m-})/c^{\ominus}]^n$$

当 $Q > K_{sp}^{\ominus}$时，有沉淀生成；

当 $Q < K_{sp}^{\ominus}$时，沉淀溶解；

当 $Q = K_{sp}^{\ominus}$时，沉淀溶解达到平衡。

比较离子积 Q 与溶度积 $K_{sp}^{\ominus}$的大小，可以判断沉淀溶解平衡的反应方向，进而判断沉淀的生成与溶解，称为溶度积原理。

3. 分步沉淀

向含有两种或两种以上离子的混合溶液中逐滴加入沉淀剂，离子被先后沉淀出来的现象，称为分步沉淀。之所以发生分步沉淀是因为难溶性电解质的溶度积不同，哪种离子的离子积最先达到溶度积，哪种离子就先被沉淀出来。利用分步沉淀，通过控制滴加沉淀剂的用量，可以对混合离子进行分离。

三、仪器及试剂

烧杯，试管，离心管，试管架，离心机，恒温水浴锅。

$Pb(NO_3)_2$(0.1mol·L^{-1})，$Pb(NO_3)_2$(0.001mol·L^{-1})，KI(0.1mol·L^{-1})，KI(0.001mol·L^{-1})，NaCl(0.1mol·L^{-1})，K_2CrO_4(0.05mol·L^{-1})，饱和 PbI_2 溶液，$AgNO_3$(0.1mol·L^{-1})，$CaCl_2$(0.1mol·L^{-1})，H_2SO_4(3mol·L^{-1})，HCl(6mol·L^{-1})，HAc(6mol·L^{-1})，HNO_3(6mol·L^{-1})，$NH_3\cdot H_2O$(6mol·L^{-1})，Na_2S(0.1mol·L^{-1})，$CuSO_4$(0.2mol·L^{-1})，饱和$(NH_4)_2C_2O_4$ 溶液，Cu^{2+}试液，Mn^{2+}试液，固体 $NaBiO_3$，$K_4[Fe(CN)_6]$(0.1mol·L^{-1})。

四、实验内容

1. 溶度积原理

1）沉淀的生成

取 1 支离心管，加入 5 滴 0.1mol·L^{-1} $Pb(NO_3)_2$ 溶液，再滴加 5 滴 0.1mol·L^{-1} KI 溶液，振荡，观察有无沉淀生成。用溶度积原理解释。

用 0.001mol·L^{-1} $Pb(NO_3)_2$ 溶液和 0.001mol·L^{-1} KI 溶液重复上述实验，观察有无沉淀生成。用溶度积原理解释。

取 1 支试管，加入 10 滴饱和 PbI_2 溶液，再滴加 5 滴 0.1mol·L^{-1} KI 溶液，振荡，观察现象并解释。

2）分步沉淀

取 1 支离心管，加入 5 滴 0.1mol·L^{-1} NaCl 和 5 滴 0.05mol·L^{-1} K_2CrO_4 溶液，边振荡试管边逐滴加入 0.1mol·L^{-1} $AgNO_3$ 溶液，观察生成沉淀的颜色及变化。用溶度积原理加以解释。

2. 影响沉淀溶解平衡的因素

1）酸度对沉淀溶解平衡的影响

取 1 支离心管，加入 10 滴 0.1mol·L^{-1} $CaCl_2$ 溶液和 6 滴饱和$(NH_4)_2C_2O_4$ 溶液，观察是否有 CaC_2O_4 沉淀生成。如有，用玻璃棒搅拌溶液成浑浊液，然后倾倒一半溶液到另一支离心管中。将两支离心管放在离心机上离心，弃去上层清液，向其中一支离心管中的沉淀上滴加 6 滴 6mol·L^{-1} HCl，向另一支离心管中的沉淀上滴加 6 滴 6mol·L^{-1} HAc，观察沉淀是否溶解，并加以解释。

2）配位反应对沉淀溶解平衡的影响

在试管中加入 2 滴 0.1mol·L^{-1} $AgNO_3$ 溶液，再加入 2 滴 0.1mol·L^{-1}

NaCl 溶液，观察是否有沉淀生成。如有沉淀，在沉淀上滴加 6mol · L^{-1} NH_3 · H_2O，观察现象并解释。

取 2 支离心管，向一支离心管中加入 5 滴 0.1mol · L^{-1} Na_2S 溶液，向另一支离心管中加入 5 滴饱和$(NH_4)_2C_2O_4$ 溶液，再分别加入 4 滴 0.2mol · L^{-1} $CuSO_4$ 溶液，观察有无沉淀生成。分别进行离心分离，在沉淀上各滴加 6mol · L^{-1} NH_3 · H_2O数滴，观察沉淀的溶解情况并解释。判断两种沉淀的溶度积的大小。

3）氧化还原反应对沉淀溶解平衡的影响

向离心管中加入 5 滴 0.1mol · L^{-1} $AgNO_3$ 溶液，再加入 3 滴 0.1mol · L^{-1} Na_2S 溶液，观察沉淀的生成。离心分离，弃去上层清液，在沉淀上加 10 滴 6mol · L^{-1} HNO_3，之后加热，观察现象并解释。

3. 沉淀的转化

向离心管中加入 5 滴 0.1mol · L^{-1} $AgNO_3$ 溶液，再滴加 5 滴 0.1mol · L^{-1} NaCl 溶液，观察沉淀的生成。离心分离，弃去上层清液，用蒸馏水洗涤沉淀 2～3 次。向沉淀上滴加数滴 0.1mol · L^{-1}KI 溶液，充分振荡，观察沉淀颜色的变化。将沉淀再次离心分离洗涤后，滴加数滴 0.1mol · $L^{-1}$$Na_2S$ 溶液，充分振荡，观察沉淀颜色的变化。从化学平衡的角度对上述现象加以解释。

4. 利用溶度积原理分离 Cu^{2+} 和 Mn^{2+}

向离心管中加入 3 滴 Cu^{2+} 试液，再加入数滴 0.1mol · L^{-1} Na_2S 溶液，离心分离，弃去溶液，观察 CuS 沉淀的颜色。向沉淀上加入 1mL 3mol · L^{-1} H_2SO_4，观察沉淀能否溶解。

向离心管中加入 3 滴 Mn^{2+} 试液，再加入数滴 0.1mol · L^{-1} Na_2S 溶液，离心分离，弃去溶液，观察 MnS 沉淀的颜色。向沉淀上加入 1mL 3mol · L^{-1} H_2SO_4，观察沉淀能否溶解。

取 1 支离心管，加入 Cu^{2+} 试液和 Mn^{2+} 试液各 3 滴，加入 1mL 3mol · L^{-1} H_2SO_4，振荡混匀，加 6 滴 0.1mol · L^{-1} Na_2S 溶液，观察现象。将离心管水浴加热，离心后，向上层清液再加入 1 滴 0.1mol · L^{-1} Na_2S 溶液，观察是否有沉淀生成，如果不再有沉淀生成，说明已沉淀完全。否则，需继续加入 Na_2S 溶液，待沉淀完全后，离心分离，用吸管吸出上层清液，将上层清液与沉淀分离开。

(1) 沉淀：用蒸馏水洗涤沉淀 2～3 次后，加 10 滴 6mol · L^{-1} HNO_3，水浴加热，使沉淀溶解。将溶液分成两份，向其中的一份加数滴 0.1mol · L^{-1} $K_4[Fe(CN)_6]$溶液，观察现象，判断沉淀中是否含有 CuS。向另一份溶液中加少许固体 $NaBiO_3$，观察溶液颜色是否变红，判断沉淀中是否含有 MnS。

(2) 上层清液：将溶液分成两份，向其中的一份加入 2 滴 0.1mol · L^{-1}

$K_4[Fe(CN)_6]$溶液，观察现象，判断溶液中是否含有 Cu^{2+}。加热另一份溶液，先除去 H_2S，冷却溶液后，加少许固体 $NaBiO_3$，观察溶液颜色的变化，判断溶液中是否含有 Mn^{2+}。

根据上述实验现象，判断 Cu^{2+} 和 Mn^{2+} 是否分离。

附　Cu^{2+} 和 Mn^{2+} 的定性检验反应

(1) Cu^{2+} 的定性检验反应：在酸性介质中，Cu^{2+} 与 $K_4[Fe(CN)_6]$溶液作用生成红棕色沉淀。

$$2Cu^{2+} + [Fe(CN)_6]^{4-} = Cu_2[Fe(CN)_6]\downarrow$$

(2) Mn^{2+} 的定性检验反应：在酸性介质中，Mn^{2+} 可被 $NaBiO_3$ 氧化为 MnO_4^-，使溶液呈紫红色。

$$2Mn^{2+} + 5NaBiO_3 + 14H^+ = 2MnO_4^- + 5Bi^{3+} + 5Na^+ + 7H_2O$$

五、思考题

(1) 是否可以简单地用溶度积的大小来判断沉淀生成的先后？

(2) 影响分步沉淀溶解平衡的因素有哪些？

(3) 某一溶液中含有 Mn^{2+} 和 Cu^{2+}，试设计实验方案对上述两种离子进行分离。

(4) 根据沉淀转化的原理，试设计实验方案由 $BaSO_4$ 制备 $BaCl_2$。

实验十三　氧化还原反应

一、实验目的

(1) 了解常见的氧化剂和还原剂。

(2) 加深对电极电势的理解,能够利用电极电势数据判断物质氧化性或还原性的强弱。

(3) 了解浓度、酸度对电极电势的影响。

(4) 了解酸碱、沉淀反应、配位反应对氧化还原反应的影响。

二、实验原理

1. 电极电势及影响电极电势的因素

半电极反应为

$$a\text{Ox}+ne^{-}=\!=\!=a'\text{Red}$$

在 298K 时,能斯特方程为

$$\varphi=\varphi^{\ominus}+\frac{0.0592}{n}\lg\frac{\{c(\text{Ox})/c^{\ominus}\}^{a}}{\{c(\text{Red})/c^{\ominus}\}^{a'}} \tag{4-10}$$

式(4-10)中,φ 为非标准态的电极电势;$\varphi^{\ominus}$ 为标准电极电势;n 为半电极反应的得失电子数目;$c(\text{Ox})$为氧化型物质的浓度;$c(\text{Red})$为还原型物质的浓度。电极中的氧化型或还原型物质形成难溶性电解质、配合物、弱电解质等,都能使电极电势发生改变。

2. 原电池及氧化还原反应的方向

原电池是直接将化学能转变为电能的装置。理论上任意氧化还原反应都可以设计成原电池。原电池的电动势(ε)为正负极间的电极电势之差。

$$\varepsilon=\varphi(+)-\varphi(-)$$

$\varepsilon>0$,反应正向自发;

$\varepsilon=0$,反应处于平衡状态;

$\varepsilon<0$,反应逆向自发。

三、仪器及试剂

试管,烧杯,铜片,锌片,离心机。

KI(0.1mol·L^{-1}),KBr(0.1mol·L^{-1}),$FeCl_3$(0.1mol·L^{-1}),CCl_4,$FeSO_4$(0.1mol·L^{-1}),$Pb(NO_3)_2$(0.1mol·L^{-1}),$SnCl_2$(0.1mol·L^{-1}),Na_2S(0.1mol·L^{-1}),3% H_2O_2,$KMnO_4$(0.1mol·L^{-1}),H_2SO_4(3mol·L^{-1}),H_2SO_4(6mol·

L^{-1})，Na_2SO_3（0.5mol · L^{-1})，NaOH（6mol · L^{-1})，$CuSO_4$（0.5mol · L^{-1})，$ZnSO_4$（0.5mol · L^{-1})，10% NH_4F，$MnSO_4$（0.1mol · L^{-1})，KIO_3（0.1mol · L^{-1})，$K_2Cr_2O_7$（0.1mol · L^{-1})，$AgNO_3$（0.1mol · L^{-1})，固体 $NaBiO_3$，固体 Na_2SO_3，固体$(NH_4)_2S_2O_8$，溴水，碘水。

四、实验内容

1. 常见的氧化剂、还原剂

1) H_2O_2 的氧化性、还原性

(1) 在离心管中加入 5 滴 0.1mol · L^{-1} $Pb(NO_3)_2$ 溶液，数滴 0.1mol · L^{-1} Na_2S 溶液，离心分离，弃去上层清液，在沉淀上加数滴 3% H_2O_2 溶液，并用玻璃棒搅动，观察现象，写出反应式。

(2) 在试管中加入 1 滴 0.1mol · L^{-1} $KMnO_4$，2 滴 3mol · L^{-1} H_2SO_4，再逐滴加入 3% H_2O_2 溶液，观察现象，写出反应式。

解释说明 H_2O_2 在以上两个反应中所起的作用。

2) $(NH_4)_2S_2O_8$ 的氧化性

取少许固体$(NH_4)_2S_2O_8$ 放入试管中，加入 10 滴 6mol · L^{-1} H_2SO_4 及 2 滴 0.1mol · L^{-1} $AgNO_3$ 溶液，将试管置于水浴中加热，然后向热溶液中加入 1 滴 0.1mol · L^{-1} $MnSO_4$ 溶液，继续加热，观察溶液颜色变化。

另取 1 支试管，不加 $AgNO_3$ 溶液，进行同样的实验。

比较上述两个实验的现象有何不同，写出反应式。

3) $K_2Cr_2O_7$ 的氧化性

取 1 滴 0.1mol · L^{-1} $K_2Cr_2O_7$ 溶液于试管中，加入 2 滴 3mol · L^{-1} H_2SO_4，再加入少量 Na_2SO_3 固体，观察现象，写出反应式。

4) $SnCl_2$ 的还原性

向一支试管中加入 3 滴 0.1mol · L^{-1} $FeCl_3$ 溶液，再滴加 4 滴 1mol · L^{-1} $SnCl_2$ 溶液，观察现象，写出反应式。试用 KSCN 溶液检验是否有 Fe^{3+} 存在。

2. 电极电势与氧化还原反应方向的关系

(1) 向试管中滴加 10 滴 0.1mol · L^{-1} KI 溶液和 2 滴 0.1mol · L^{-1} $FeCl_3$ 溶液，摇匀后，加入 10 滴 CCl_4，充分振荡，观察 CCl_4 层颜色的变化。

用 0.1mol · L^{-1} KBr 溶液代替 KI 溶液，重复以上实验，观察 CCl_4 层颜色变化。

根据实验结果，定性比较 Br_2/Br^-、I_2/I^-、Fe^{3+}/Fe^{2+} 电极电势的大小，并指出哪种物质是最强的氧化剂，哪种是最强的还原剂。

(2) 向试管中滴加 10 滴碘水和 2 滴 0.1mol · L^{-1} $FeSO_4$ 溶液，摇匀后，加入 10 滴 CCl_4，充分振荡，观察 CCl_4 层有无变化。

向试管中加入 1 滴溴水，再加入 10 滴 0.1mol · L^{-1} $FeSO_4$ 溶液，摇匀后加入 10 滴 CCl_4 充分振荡，观察 CCl_4 层有无变化。

3. 介质的酸碱性对氧化还原产物的影响

取 3 支试管，分别加入 5 滴 0.5mol · L^{-1} Na_2SO_3 溶液，向第一支试管中加 2 滴 3mol · L^{-1} H_2SO_4 溶液，向第二支试管中加 2 滴水，向第三支试管中加 2 滴 6mol · L^{-1} NaOH 溶液，然后再向以上 3 支试管中分别加入 2 滴 0.1mol · L^{-1} $KMnO_4$ 溶液，振荡摇匀，观察现象，写出反应式。

4. 影响氧化还原反应的因素

1) 浓度对氧化还原反应的影响

在两个 50mL 烧杯中，分别加入 30mL 0.5mol · L^{-1} $ZnSO_4$ 溶液和 30mL 0.5mol · L^{-1} $CuSO_4$ 溶液，在 $ZnSO_4$ 溶液中插入锌片，在 $CuSO_4$ 溶液中插入铜片，各组成两个半电极，中间用盐桥连通，用导线将锌片和铜片分别与伏特计相接，组成原电池，测量原电池的电动势 E，见图 4-3。

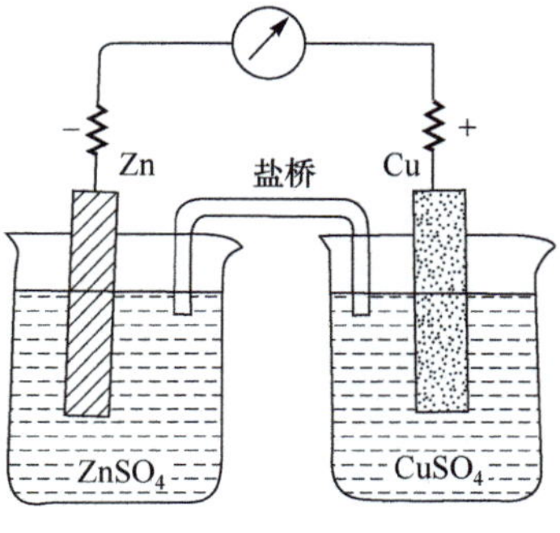

图 4-3 Cu-Zn 原电池

在 $CuSO_4$ 溶液中加入浓氨水至生成的沉淀溶解为止，形成深蓝色溶液，观察原电池的电动势有何变化。

在 $ZnSO_4$ 溶液中加入浓氨水至生成的沉淀溶解为止，观察原电池的电动势又有何变化。

比较以上测定结果，说明浓度对电极电势的影响。

2) 酸度对氧化还原反应的影响

(1) 向试管中加 5 滴 0.1mol · $L^{-1}$$MnSO_4$，加入少许 $NaBiO_3$ 固体，水浴加热，观察实验现象；向试管中滴加 10 滴 3mol · L^{-1} H_2SO_4，水浴加热，观察实验现象，写出反应式。

(2) 在试管中加入 10 滴 0.1mol · L^{-1} KI 溶液和 2 滴 0.1mol · L^{-1} KIO_3 溶液，加入 2 滴淀粉溶液，摇匀后，观察溶液颜色有无变化。然后再加 2 滴 3mol · L^{-1} H_2SO_4 溶液振荡，观察实验现象，再滴加 5 滴 6mol · L^{-1} NaOH 溶液，观察实验现象并解释。

3) 配位反应对氧化还原反应的影响

取两支试管分别加入 3 滴 0.1mol · L^{-1} $FeCl_3$ 溶液，再向其中一支试管中加入

10% NH_4F 溶液至溶液黄色消失，然后再向两支试管中分别加入 2 滴 0.1mol · L^{-1} KI 溶液、10 滴 CCl_4 溶液，振荡，观察 CCl_4 层的颜色变化，并解释之。

4）沉淀反应对氧化还原反应的影响

在试管中加入 10 滴 0.1mol · L^{-1} KI 溶液，再滴加 5 滴 0.1mol · L^{-1} $CuSO_4$ 溶液，振荡，观察实验现象。向溶液中逐滴加入 0.1mol · L^{-1} $Na_2S_2O_3$ 溶液，恰好去除反应生成的碘，离心分离，观察 CuI 沉淀的颜色。根据 $\varphi^{\ominus}(I_2/I^-)$，$\varphi^{\ominus}(Cu^{2+}/Cu^+)$ 和 $K_{sp}^{\ominus}(CuI)$，解释上述反应。

五、思考题

（1）影响电极电势的因素有哪些？如何影响？

（2）H_2O_2 为何既是氧化剂，又是还原剂？

（3）为什么不能用稀盐酸与 MnO_2 反应制备氯气？

实验十四　配合物的生成及性质

一、实验目的

(1) 比较配离子与简单离子的区别。

(2) 了解影响配位解离平衡移动的因素。

二、实验原理

配合物的组成分为内界和外界两部分，中心离子和配位体组成配合物的内界，其余离子处于外界。例如，在$[Co(NH_3)_6]Cl_3$ 中 Co^{3+} 与 NH_3 组成内界，三个 Cl^- 处于外界。在水溶液中解离出 Cl^- 和$[Co(NH_3)_6]^{3+}$。

每种配离子，在水溶液中也会发生解离，也就是说配离子在溶液中同时存在着配位过程和解离过程，即存在着配位平衡。如

$$Ag^+ + 2NH_3 \rightleftharpoons [Ag(NH_3)_2]^+$$

$$K_f^\ominus = \{c[Ag(NH_3)_2]^+/c^\ominus\}/[c(Ag^+)/c^\ominus][c(NH_3)/c^\ominus]^2$$

$K_f^\ominus$ 称为配合物的稳定常数，可用于判断配位反应进行的程度。不同的配离子具有不同的稳定常数。对于同种类型的配离子，$K_f^\ominus$ 越大，表示配离子越稳定。

简单离子形成配合物后，其颜色、溶解度、电极电势等都会发生变化，利用这些变化可以检验有关离子。

根据平衡移动原理，改变中心离子或配位体的浓度，配位平衡会发生移动。如加入沉淀剂，改变溶液的浓度，以及改变溶液的酸度等条件，配位平衡都将发生移动。

三、仪器及试剂

试管，离心管，烧杯(100mL)，点滴板，离心机，试管架。

HNO_3(6mol·L^{-1})，HCl(6mol·L^{-1})，NaOH(6mol·L^{-1})，NaOH(0.1mol·L^{-1})，$NH_3 \cdot H_2O$(2mol·L^{-1})，$NH_3 \cdot H_2O$(6mol·L^{-1})，浓 $NH_3 \cdot H_2O$，饱和$(NH_4)_2C_2O_4$，10%NH_4F，NaCl(0.1mol·L^{-1})，$CaCl_2$(0.002mol·L^{-1})，$Na_2S_2O_3$(0.1mol·L^{-1})，KBr(0.1mol·L^{-1})，KI(0.1mol·L^{-1})，KSCN(0.1mol·L^{-1})，KNO_3(0.1mol·L^{-1})，$BaCl_2$(0.1mol·L^{-1})，$CuSO_4$(0.2mol·L^{-1})，$FeSO_4$(0.1mol·L^{-1})，$FeCl_3$(0.1mol·L^{-1})，$K_3[Fe(CN)_6]$(0.1mol·L^{-1})，$NiSO_4$(0.2mol·L^{-1})，EDTA(0.1mol·L^{-1})，Na_2S(0.1mol·L^{-1})，20%$Na_3[Co(NO_2)_6]$，CCl_4，1%丁二酮肟。

四、实验内容

1. 配离子的生成和配合物的组成

1）简单离子与配离子的区别

在2支离心管中各加入10滴0.2mol·L^{-1} $NiSO_4$ 溶液，然后在2支离心管中分别加入数滴0.1mol·L^{-1} $BaCl_2$ 溶液和0.1mol·L^{-1} NaOH溶液，观察沉淀的生成。离心分离，观察沉淀的颜色，写出反应式。

在另一试管中加入15滴0.2mol·L^{-1} $NiSO_4$ 溶液，再逐滴加入6mol·L^{-1} $NH_3 \cdot H_2O$，边加边振荡，待生成的沉淀完全溶解后，再加入5滴浓 $NH_3 \cdot H_2O$，观察溶液的颜色。将溶液分为2份，分别加入数滴0.1mol·L^{-1} $BaCl_2$ 溶液和数滴0.1mol·L^{-1} NaOH溶液，观察反应现象，比较与上个实验有何不同并解释。

2）有色配离子的生成

(1) 取5滴0.1mol·L^{-1} $FeCl_3$ 溶液于试管中，再加入2滴0.1mol·L^{-1} KSCN溶液，观察实验现象，所得溶液待用。

用0.1mol·L^{-1} $K_3[Fe(CN)_6]$溶液代替 $FeCl_3$ 进行同样实验，观察现象并解释。

(2) 取10滴0.2mol·L^{-1} $CuSO_4$ 溶液于试管中，再逐滴加入6mol·L^{-1} $NH_3 \cdot H_2O$，观察有无沉淀生成。继续滴加6mol·L^{-1} $NH_3 \cdot H_2O$，观察反应现象，所得溶液待用。

3）无色配离子的生成

取1滴0.1mol·L^{-1} $AgNO_3$ 溶液于试管中，再加入1滴0.1mol·L^{-1} NaCl溶液，再逐滴加入6mol·L^{-1} $NH_3 \cdot H_2O$。仔细观察反应过程中沉淀的生成和溶解，所得溶液待用。

4）有色难溶配合物的生成

(1) 取2滴0.1mol·L^{-1} KNO_3 溶液于离心管中，再加2滴20% $Na_3[Co(NO_2)_6]$溶液，用玻璃棒摩擦试管内壁，观察现象，写出反应式。

(2) 在点滴板上滴1滴0.2mol·L^{-1} $NiSO_4$ 溶液，再加1滴2mol·L^{-1} $NH_3 \cdot H_2O$ 和1滴1%丁二酮肟，观察现象，写出反应式。

(3) 在点滴板上滴1滴0.1mol·L^{-1} $FeSO_4$ 溶液，再加1滴0.1mol·L^{-1} $K_3[Fe(CN)_6]$溶液，观察现象，写出反应式。

2. 配位平衡与介质的酸碱性

(1) 取3滴实验“有色配离子的生成(1)”所得的$[Fe(SCN)_6]^{3-}$溶液于试管中，逐滴加入6mol·L^{-1} NaOH溶液，观察颜色的变化并解释。

(2) 向实验“无色配离子的生成”所得的$[Ag(NH_3)_2]Cl$溶液中，加入数滴 6mol · L^{-1} HNO_3，观察现象并解释。

3. 配位平衡与沉淀溶解平衡的关系

(1) 取实验“有色配离子的生成(2)”所得的$[Cu(NH_3)_4]^{2+}$溶液数滴加入试管中，然后再加入数滴 0.1mol · L^{-1} Na_2S 溶液，观察现象并解释。

(2) 在离心管中加入 5 滴 0.1mol · L^{-1} $AgNO_3$ 溶液，5 滴 0.1mol · L^{-1} NaCl 溶液。观察实验现象，经离心分离，弃去清液后，向沉淀上逐滴加入 6mol · L^{-1} $NH_3 \cdot H_2O$，用玻璃棒充分搅拌，观察现象。待沉淀全部溶解后，向其中加入 5 滴 0.1mol · L^{-1} KBr 溶液，观察实验现象。离心分离后，向沉淀上逐滴加入 0.1mol · L^{-1} $Na_2S_2O_3$ 溶液，用玻璃棒搅拌，观察实验现象。待沉淀全部溶解后，向其中加入数滴 0.1mol · L^{-1} KI 溶液，观察实验现象。用平衡移动原理解释上述实验现象，并比较$[Ag(NH_3)_2]^+$和$[Ag(S_2O_3)_2]^{3-}$稳定性的大小。

4. 配位平衡与氧化还原反应

取 2 支试管，各加 5 滴 0.1mol · L^{-1} $FeCl_3$ 溶液。向一支试管中加 5 滴饱和$(NH_4)_2C_2O_4$溶液，另一支试管中加 5 滴蒸馏水。然后再向 2 支试管中各加 5 滴 0.1mol · L^{-1} KI 溶液和 5 滴 CCl_4，充分振荡，观察两支试管中 CCl_4 层的颜色并解释。

5. 配合物之间的转化

取 1 支试管，加入 2 滴 0.1mol · L^{-1} $FeCl_3$ 溶液，再加入 5 滴蒸馏水和 1 滴 0.1mol · L^{-1} KSCN 溶液，然后加入 1～2 滴 10%NH_4F 溶液至溶液刚刚褪色。再加入数滴饱和$(NH_4)_2C_2O_4$溶液。观察现象并解释，比较$[Fe(SCN)_6]^{3-}$、$[FeF_6]^{3-}$、$[Fe(C_2O_4)_3]^{3-}$的稳定性。

6. 螯合物的生成

(1) 取 1 支试管，加入 5 滴 0.002mol · L^{-1} $CaCl_2$ 溶液，再加入 5 滴饱和$(NH_4)_2C_2O_4$溶液，观察现象。另取一支试管，加入 5 滴 0.002mol · L^{-1} $CaCl_2$ 溶液，再加入数滴 0.1mol · L^{-1} EDTA 溶液，再加入 5 滴饱和$(NH_4)_2C_2O_4$溶液，观察现象。比较这两个实验现象有何不同并解释。

(2) 取 2 支试管，各加入 10 滴实验“有色配离子的生成”所得的$[Fe(SCN)_6]^{3-}$溶液和$[Cu(NH_3)_4]^{2+}$溶液，再分别加入数滴 0.1mol · L^{-1} EDTA 溶液，观察现象并解释。

五、思考题

(1) 衣服上沾有铁锈时，常用草酸去洗，试说明原理。

(2) 可用哪些不同类型的反应，使$[Fe(SCN)_6]^{3-}$的红色褪去？

(3) 为什么 Na_2S 溶液不能使 $K_4[Fe(CN)_6]$溶液产生 FeS 沉淀，而饱和 H_2S 溶液能使$[Cu(NH_3)_4]^{2+}$产生 CuS 沉淀？

实验十五　银氨配离子配位数的测定

一、实验目的

(1) 应用配位平衡和多相离子平衡的原理，测定银氨配离子$[Ag(NH_3)_n]^+$的配位数 n。

(2) 计算银氨配离子的 $K_f^\ominus$。

二、实验原理

在 $AgNO_3$ 溶液中加入过量氨水即生成稳定的$[Ag(NH_3)_n]^+$，再往溶液中加入 KBr 溶液，直至刚刚出现 AgBr 沉淀(浑浊)为止。这时混合液中同时存在如下平衡：

$$Ag^+ + nNH_3 \rightleftharpoons [Ag(NH_3)_n^+]$$

$$K_f^\ominus = \frac{c[Ag(NH_3)_n^+]/c^\ominus}{[c(Ag^+)/c^\ominus]\cdot[c(NH_3)/c^\ominus]^n}$$

$$Ag^+ + Br^- \rightleftharpoons AgBr\downarrow$$

$$K_{sp}^\ominus = [c(Ag^+)/c^\ominus][c(Br^-)c^\ominus]$$

体系中 $c(Ag^+)$必须同时满足上述两个平衡，所以

$$AgBr\downarrow + nNH_3 \rightleftharpoons [Ag(NH_3)_n]^+ + Br^-$$

$$K^\ominus = \frac{\{c[Ag(NH_3)_n^+]/c^\ominus\}\ \cdot[c(Br^-)/c^\ominus]}{[c(NH_3)/c^\ominus]^n} = K_f^\ominus \cdot K_{sp}^\ominus$$

$$\{c[Ag(NH_3)_n^+]/c^\ominus\}\ \cdot[c(Br^-)/c^\ominus] = K^\ominus[c(NH_3)/c^\ominus]^n \qquad (4\text{-}11)$$

式(4-11)两边取对数，得直线方程：

$$\lg(\{c[Ag(NH_3)_n^+]/c^\ominus\}\cdot[c(Br^-)/c^\ominus]) = n\lg[c(NH_3)/c^\ominus] + \lg K^\ominus \quad (4\text{-}12)$$

以 $\lg(\{c[Ag(NH_3)_2^+]/c^\ominus\}\cdot[c(Br^-)/c^\ominus])$为纵坐标，$\lg[c(NH_3)/c^\ominus]$为横坐标作图，所得斜率(取最接近的整数)即为$[Ag(NH_3)_n^+]$的配位数 n。

式(4-12)中 $c(Br^-)$、$c[Ag(NH_3)_n^+]$、$c(NH_3)$均为平衡时的浓度($mol\cdot L^{-1}$)。

$$c(Br^-) = c(Br^-)_0 \times \frac{V(Br^-)}{V_t}$$

$$c[Ag(NH_3)_n^+] = c(Ag^+)_0 \times \frac{V(Ag^+)}{V_t}$$

$$c(NH_3) = c(NH_3)_0 \times \frac{V(NH_3)}{V_t}$$

式中，V_t 为混合溶液的总体积。

$$V(Br^-)=\frac{K^{\ominus}\cdot V^n(NH_3)\left[\frac{c(NH_3)_0}{V_t}\right]^n}{\frac{c(Ag^+)_0\cdot V(Ag^+)}{V_t}\cdot\frac{c(Br^-)_0}{V_t}}$$

$$V(Br^-)=K'\cdot V^n(NH_3)$$

$$\lg V(Br^-)=n\lg V(NH_3)+\lg K'$$

以 $\lg V(Br^-)$为纵坐标，$\lg V(NH_3)$为横坐标作图，$\lg K'$为截距，求出直线斜率 n。

三、仪器和试剂

多用滴管(4 支)，微量滴头(约 40 滴 · mL^{-1})，5mL 井穴板。

$AgNO_3$(0.010mol · L^{-1})，$NH_3\cdot H_2O$(2.0mol · L^{-1})，KBr(0.010mol · L^{-1})。

四、实验内容

(1) 用 20mL 的移液管量取 20.0mL 0.010mol · L^{-1} $AgNO_3$ 溶液，放到 250mL 锥形瓶中。

(2) 用碱式滴定管加入 30.0mL 2.0mol · L^{-1} $NH_3\cdot H_2O$，用量筒量取 50.0mL 蒸馏水放入该瓶中，然后在不断摇动下，从酸式滴定管滴加 0.010mol · L^{-1} KBr，直至开始产生 AgBr 沉淀，使整个溶液呈现很浅乳浊色不再消失为止。记下加入的 KBr 溶液的体积[$V(Br^-)$]和溶液的总体积(V_t)。

(3) 再用 25mL，20mL，15mL，10mL 2.0mol · L^{-1} $NH_3\cdot H_2O$ 溶液，重复上述操作。在进行重复操作中，当接近终点后应补加适量的蒸馏水(补加水体积等于第一次消耗的 KBr 溶液的体积减去这次快接近终点所消耗的 KBr 溶液的体积)，使溶液的总体积与第一次滴定的 V_t 相同。

(4) 将滴定终点时所用去的 KBr 溶液的体积[$V(Br^-)$]及所补加入的蒸馏水的体积记录下来。

(5) 以 lg[$V(Br^-)$]为纵坐标，lg[$V(NH_3)$]为横坐标，作图，求出直线斜率 n，从而求出$[Ag(NH_3)_n]^+$的配位数 n(取最接近的整数)。

(6) 根据直线在纵坐标上的截距 $\lg K$，求算 K'。并利用已求出的配位数 n 计算 $K^{\ominus}$值，然后求出银氨配离子的 $K_f^{\ominus}$。

(7) 记录和结果。

见表 4-8。

表 4-8 银氨配离子配位数的测定结果

混合溶液编号	1	2	3	4	5
$V(Ag^+)$/mL (0.010mol · L^{-1})	20.0	20.0	20.0	20.0	20.0
$V(NH_3)$/mL (2.0mol · L^{-1})	30.0	25.0	20.0	15.0	10.0
$V(H_2O)$/mL	50	55	60	65	70
$V(H_2O)$补充/mL					
$V(Br^-)$/mL (0.010mol/L^{-1})					
V_t/mL					
$\lg V(NH_3)$					
$\lg V(Br^-)$					

在实验过程中，$AgNO_3$ 和氨水使用量都很大，使实验室环境遭到很大程度的污染，对学生的身体健康及操作训练都极为不利。因此，实际工作中采用了微型实验方法。

(1) 取 4 支多用滴管，分别吸取 0.010mol · L^{-1} $AgNO_3$ 溶液、2.0mol · L^{-1} $NH_3 \cdot H_2O$、0.010mol · L^{-1}KBr 溶液和蒸馏水，并贴上标签。

(2) 将微量滴头套紧在装有 $AgNO_3$ 溶液的多用滴管上，挤出少量溶液冲洗滴头，然后 5 支试管(需干燥)中分别加入 20 滴 $AgNO_3$ 溶液。

(3) 取下滴头用蒸馏水冲洗，再套紧在装有氨水的多用滴管上，氨水冲洗后，按表中各编号所示的滴数分别将氨水加入 6 支试管中。

(4) 按上述同样的方法加入蒸馏水。

(5) 将微量滴头套紧在装有 KBr 溶液的多用滴管上，经冲洗后，按编号逐一向各孔穴内滴入 KBr 溶液，并不断搅拌。滴至刚产生的 AgBr 浑浊不消失为止。记下各试管中所加 KBr 溶液的滴数，填入表 4-9 中。

表 4-9 微型法测定银氨配离子配位数实验结果

混合溶液编号	加入滴数				V_t/mL	$\lg V(NH_3)$	$\lg V(Br^-)$
	Ag^+	NH_3	H_2O	Br^-			
1	20	40	10				
2	20	35	15				
3	20	30	20				
4	20	25	25				
5	20	20	30				
6	20	15	25				

五、思考题

(1) 在计算平衡浓度 $c(Br^-)$，$c(NH_3)$ 和 $c[Ag(NH_3)_n^+]$ 时，为什么不考虑进入 AgBr 沉淀的 Br^-，进入 AgBr 及配离子解离出来的 Ag^+，以及生成配离子时消耗掉的 NH_3 的浓度？

(2) 在重复滴定操作过程中，为什么要补加一定量的蒸馏水使溶液的总体积与第一个滴定的 V_t 相同？

(3) 在其他实验条件完全相同的情况下，能否用相同浓度的 KCl 或 KI 溶液进行本实验？为什么？

第 5 章　元素性质实验

实验十六　常见阳离子的定性鉴定

一、实验目的

(1) 掌握一些常见阳离子的定性鉴定方法。

(2) 掌握一些常见阳离子定性鉴定的基本操作。

二、仪器及试剂

试管，离心管，离心机，点滴板。

$NaOH(2mol \cdot L^{-1})$，$NaOH(6mol \cdot L^{-1})$，$HCl(0.2mol \cdot L^{-1})$，$HCl(3mol \cdot L^{-1})$，$H_2SO_4(2mol \cdot L^{-1})$，$HNO_3(2mol \cdot L^{-1})$，$HNO_3(6mol \cdot L^{-1})$，$NH_3 \cdot H_2O(6mol \cdot L^{-1})$，$HAc(6mol \cdot L^{-1})$，$HAc(2mol \cdot L^{-1})$，$HAc(0.5mol \cdot L^{-1})$，$K_2CrO_4(1mol \cdot L^{-1})$，$K_4[Fe(CN)_6](0.1mol \cdot L^{-1})$，$K_4[Fe(CN)_6](1mol \cdot L^{-1})$，$K_3[Fe(CN)_6](0.1mol \cdot L^{-1})$，$KSCN(0.1mol \cdot L^{-1})$，$(NH_4)_2Hg(SCN)_4(0.3 mol \cdot L^{-1})$，$Na_3Co(NO_2)_6(0.1mol \cdot L^{-1})$，$KNaC_4H_4O_6(1mol \cdot L^{-1})$，$SnCl_2(0.5mol \cdot L^{-1})$，0.02%$CoCl_2$，3%$H_2O_2$，2%$CuSO_4$，4%KI，3%$Na_3B(C_6H_5)_4$，0.02%镉试剂，饱和$(NH_4)_2C_2O_4$溶液，饱和$NH_4SCN$溶液，固体$NaBiO_3$，铂丝，95%乙醇，乙醚，丙酮，奈斯勒试剂，乙酸铀酰锌试剂，镁试剂Ⅰ，1%二硫代乙二酰胺，2.5%硫脲，5%玫瑰红酸钠试剂，0.1%铝试剂，2%邻二氮菲，0.01%二苯硫腙，0.1%茜素磺酸钠，1%丁二酮肟。

三、实验内容

1. NH_4^+的鉴定

(1) pH 试纸检验法：在一表面皿上滴加 2～3 滴 NH_4^+ 试液，2 滴 $2mol \cdot L^{-1}$ NaOH 溶液，迅速用另一贴有 pH 试纸的表面皿盖上形成气室。将此气室放在水浴上加热。若 pH 试纸变碱色，则表示有 NH_4^+ 存在。

(2) 奈氏试剂法：取 1 滴 NH_4^+ 试液于点滴板上，加 1 滴 $6mol \cdot L^{-1}$ NaOH 溶液，再加 1 滴奈斯勒试剂，产生红棕色沉淀，表示有 NH_4^+ 存在。

2. Na^+的鉴定

(1) 乙酸铀酰锌法：取 1 滴 Na^+ 试液滴入离心管中，加 4 滴 95%乙醇和 8 滴乙酸铀酰锌溶液，用玻璃棒摩擦试管内壁，生成淡黄色沉淀，表示有 Na^+ 存在。

(2) 焰色反应：用洁净的铂丝蘸少许 Na^+ 试液，在煤气灯中灼烧，火焰呈黄色，表示有 Na^+ 存在。

3. K^+ 的鉴定

(1) 亚硝酸钴钠法：取 1 滴 K^+ 试液于离心管中，加入 1 滴 0.1mol · L^{-1} $Na_3Co(NO_2)_6$ 溶液，产生黄色沉淀，表示有 K^+ 存在。

(2) 四苯硼钠法：取 1 滴 K^+ 试液于离心管中，加入 2 滴 3% $Na_3B(C_6H_5)_4$ 溶液，若有白色沉淀生成，表示有 K^+ 存在。

(3) 焰色反应：用洁净铂丝蘸取 K^+ 试液，在无色火焰中灼烧，火焰呈紫色（为消除 Na^+ 的火焰干扰，可透过蓝色钴玻璃观察），表示有 K^+ 存在。

4. Ca^{2+} 的鉴定

(1) 草酸铵法：取 2 滴 Ca^{2+} 试液于离心管中，加 2 滴 6mol · L^{-1} HAc 溶液，再加 4 滴饱和 $(NH_4)_2C_2O_4$ 溶液，若有白色沉淀或浑浊，表示有 Ca^{2+} 存在。

(2) 焰色反应：用洁净铂丝蘸少许 Ca^{2+} 试液，在无色氧化焰上灼烧，火焰呈砖红色，表示有 Ca^{2+} 存在。

5. Mg^{2+} 的鉴定

镁试剂Ⅰ法：取 1 滴 Mg^{2+} 试液于点滴板上，加 1 滴 6mol · L^{-1} NaOH 溶液和 1 滴镁试剂Ⅰ溶液，生成蓝色沉淀，表示有 Mg^{2+} 存在。

6. Ba^{2+} 的鉴定

(1) K_2CrO_4 法：取 1 滴 Ba^{2+} 试液于离心管中，加 1 滴 2mol · L^{-1} HAc 和 1 滴 1mol · L^{-1} K_2CrO_4 溶液，若有黄色沉淀，表示有 Ba^{2+} 存在。

(2) 玫瑰红酸钠法：取中性或弱酸性介质中的 Ba^{2+} 试液 1 滴于滤纸上，加 5% 玫瑰红酸钠试剂 1 滴，形成红棕色斑点。再加 0.5mol · L^{-1} HAc 溶液 1 滴，斑点变为红色，表示有 Ba^{2+} 存在。

(3) 焰色反应：用洁净的铂丝蘸 Ba^{2+} 试液，在无色的氧化焰上灼烧，火焰呈黄绿色，表示有 Ba^{2+} 存在。

7. Al^{3+} 的鉴定

(1) 铝试剂法：取 2 滴 Al^{3+} 试液于离心管中，加入 3 滴 6mol · L^{-1} HAc，再滴加 0.1% 的铝试剂 2～3 滴，微热。再加氨水至有氨味，产生鲜红色絮状沉淀，表示有 Al^{3+} 存在。

(2) 茜素磺酸钠法：在滤纸上加 Al^{3+} 试液和 0.1%茜素磺酸钠(简称 Aliz · S)各 1 滴，再滴加 1 滴 $6mol \cdot L^{-1} NH_3 \cdot H_2O$，生成红色斑点，表示有 Al^{3+} 存在。

8. Fe^{3+} 的鉴定

(1) 黄血盐 $K_4[Fe(CN)_6]$法：取 1 滴 Fe^{3+} 试液于点滴板上，加 1 滴 $0.1mol \cdot L^{-1} K_4[Fe(CN)_6]$，若有蓝色沉淀生成，表示有 Fe^{3+} 存在。

(2) KSCN(或 NH_4SCN)法：取 1 滴 Fe^{3+} 试液于点滴板上，加 2 滴 $0.1mol \cdot L^{-1}$ KSCN 溶液，若溶液呈血红色，表示有 Fe^{3+} 存在。

9. Fe^{2+} 的鉴定

(1) 赤血盐法：取 1 滴新配制的 Fe^{2+} 试液于点滴板上，加 2 滴 $0.1mol \cdot L^{-1} K_3[Fe(CN)_6]$溶液，若有蓝色沉淀生成，表示有 Fe^{2+} 存在。

(2) 邻二氮菲法：取 1 滴新配制的 Fe^{2+} 试液于点滴板上，加 1～2 滴 2%邻二氮菲，若溶液呈橘红色，表示有 Fe^{2+} 存在。

10. Zn^{2+} 的鉴定

硫氰酸汞铵法：取 1 滴 0.02% $CoCl_2$ 溶液于点滴板上，加 1 滴 $0.3mol \cdot L^{-1} (NH_4)_2Hg(SCN)_4$ 试剂，充分搅拌，立即析出蓝色沉淀，表示有 Zn^{2+} 存在。

11. Cu^{2+} 的鉴定

(1) 亚铁氰化钾法：取 1 滴 Cu^{2+} 试液于离心管中，加 1 滴 $0.2mol \cdot L^{-1}$ HCl 和 $1mol \cdot L^{-1} K_4[Fe(CN)_6]$溶液，若生成 $Cu_2[Fe(CN)_6]$红棕色沉淀，表示有 Cu^{2+} 存在。

(2) 氨水法：取 2 滴 Cu^{2+} 试液于离心管中，加浓氨水，若溶液呈现深蓝色，表示有 Cu^{2+} 存在。

12. Ag^{+} 的鉴定

(1) K_2CrO_4 法：取 1 滴 Ag^{+} 试液(近中性)于离心管中，加 1 滴 $1mol \cdot L^{-1} K_2CrO_4$ 溶液，产生砖红色沉淀，表示有 Ag^{+} 存在。

(2) 盐酸和氨配合物酸化法：取 2 滴 Ag^{+} 试液于离心管中，加 1 滴 $3mol \cdot L^{-1}$ HCl 溶液，生成白色沉淀后，在沉淀上滴加 $6mol \cdot L^{-1}$ 氨水，白色沉淀溶解，再加入 $2mol \cdot L^{-1} HNO_3$ 溶液，白色沉淀又出现，表示有 Ag^{+} 存在。

13. Hg^{2+} 的鉴定

氯化亚锡法：取 2 滴 Hg^{2+} 试液于离心管中，加入 2 滴 $0.5mol \cdot L^{-1} SnCl_2$ 溶

液，生成 Hg_2Cl_2 白色沉淀，并逐渐变成灰色或黑色，表示有 Hg^{2+} 存在。

14. Pb^{2+} 的鉴定

(1) K_2CrO_4 法：取 1 滴 Pb^{2+} 试液于离心管中，加 1 滴 1mol·L^{-1} K_2CrO_4 溶液，若有黄色沉淀生成，表示有 Pb^{2+} 存在。

(2) 二苯硫腙法：取 1 滴 Pb^{2+} 试液于离心管中，加 2 滴 1mol·L^{-1} 酒石酸钾钠溶液，再滴加 6mol·L^{-1} 氨水，调至溶液的 pH 为 9～11，加入 0.01% 二苯硫腙 4～5 滴，用力振动，下层呈红色，表示有 Pb^{2+} 存在。

15. Mn^{2+} 的鉴定

铋酸钠法：取 1 滴 Mn^{2+} 试液于离心管中，加 3 滴 2mol·L^{-1} H_2SO_4 和少许固体 $NaBiO_3$，水浴加热，若溶液显紫红色，表示有 Mn^{2+} 存在。

16. Cr^{3+} 的鉴定

(1) 过铬酸法：取 1 滴 Cr^{3+} 试液，滴入 4 滴 6mol·L^{-1} NaOH 溶液，然后滴入 3 滴 3% H_2O_2，微热至溶液呈浅黄色。待冷却后，加 0.5mL 乙醚，再慢慢滴入 6mol·L^{-1} HNO_3 酸化，摇动试管，在乙醚层出现深蓝色，表示有 Cr^{3+} 存在。

(2) 铬酸盐法：取 1 滴 Cr^{3+} 试液，滴入 4 滴 6mol·L^{-1} NaOH 溶液，再滴入 3 滴 3% H_2O_2 溶液，微热至溶液呈浅黄色。待冷却后，加 2 滴 Ag^+ 试液，产生砖红色沉淀，表示有 Cr^{3+} 存在。

17. Ni^{2+} 的鉴定

(1) 丁二酮肟法：取 1 滴 Ni^{2+} 试液于离心管中，加 1 滴 3mol·L^{-1} $NH_3 \cdot H_2O$，再加 1 滴 1% 丁二酮肟，生成鲜红色沉淀，表示有 Ni^{2+} 存在。

(2) 二硫代乙二酰胺[$(H_2NCS)_2$]法：取 1 滴氨性介质中的 Ni^{2+} 试液于滤纸上，再用 1% $(H_2NCS)_2$ 在斑点周围画圈，如显蓝色或蓝紫环，表示有 Ni^{2+} 存在。

18. Cd^{2+} 的鉴定

镉试剂 2B(Cadion 2B)法：在定量滤纸上加 1 滴 0.02% 镉试剂，烘干后，再加 1 滴含少量酒石酸钾钠的呈酸性的 Cd^{2+} 试液，再烘干后，滴加 1 滴 2mol·L^{-1} KOH 溶液，斑点呈红色，表示有 Cd^{2+} 存在。

19. Co^{2+} 的鉴定

NH_4SCN 法：取 1 滴 Co^{2+} 试液于离心管中，加入饱和 NH_4SCN 或固体 NH_4SCN，再加 3～5 滴丙酮，视 Co^{2+} 量的大小呈蓝色或绿色，表示有 Co^{2+} 存在。

20. Bi^{3+}的鉴定

(1) 硫脲法:取1滴Bi^{3+}试液,加2滴3mol·L^{-1} HNO_3,加1滴2.5%硫脲,生成黄色配合物,表示有Bi^{3+}存在。

(2) KI法:取1滴Bi^{3+}试液于点滴板上,加2滴2.5%硫脲和2%$CuSO_4$溶液(如加$CuSO_4$溶液后有沉淀生成,应再加2滴硫脲),再加1~2滴4% KI溶液,生成橙色至橙红色沉淀,表示有Bi^{3+}存在。

四、思考题

(1) 可否在强酸或强碱介质中用$Na_3Co(NO_2)_6$鉴定K^+?为什么?

(2) 用重铬酸钾检测乙醇为什么必须在酸性条件下?

实验十七　常见阴离子的定性鉴定

一、实验目的

(1) 掌握一些常见阴离子的定性鉴定方法。

(2) 掌握一些常见阴离子定性鉴定的基本操作。

二、仪器及试剂

试管，离心管，离心机，点滴板。

HNO_3(6mol·L^{-1})，HCl(6mol·L^{-1})，HCl(3mol·L^{-1})，HCl(2mol·L^{-1})，NaOH(2mol·L^{-1})，浓 H_2SO_4，H_2SO_4(3mol·L^{-1})，HAc(2mol·L^{-1})，$NH_3·H_2O$(6mol·L^{-1})，浓 HCl，$AgNO_3$(0.1mol·L^{-1})，$BaCl_2$(0.5mol·L^{-1})，$FeCl_3$(0.5mol·L^{-1})，$FeCl_3$(0.1mol·L^{-1})，$KMnO_4$(0.02mol·L^{-1})，$(NH_4)_2MoO_4$(0.1mol·L^{-1})，25%$FeSO_4$ 溶液，CCl_4，氯水，锆-茜素 S 试剂，对氨基苯磺酸，α-萘胺，0.1%品红溶液，$Pb(Ac)_2$ 试纸，无水乙醇，固体 $FeSO_4·7H_2O$，固体 KI，苯。

三、实验内容

1. F^- 的鉴定

加 1 滴锆-茜素 S 试剂于滤纸上，在空气中将滤纸干燥后，再用 1 滴 1∶1 的乙酸湿润，加 1 滴中性试液于湿斑上，紫红色湿斑变成黄色，表示有 F^- 存在。

2. Cl^- 的鉴定

取 1 滴试液于离心管中，加 6mol·L^{-1} HNO_3进行酸化，再加 1 滴 0.1mol·L^{-1} $AgNO_3$溶液，若生成白色沉淀，初步说明有 Cl^- 存在。离心分离后，向沉淀上滴加 6mol·L^{-1} $NH_3·H_2O$ 溶液，沉淀立即溶解，再加 6mol·L^{-1} HNO_3溶液，白色沉淀又重新出现，表示有 Cl^- 存在。

3. Br^- 的鉴定

取 2 滴试液于离心管中，加 4 滴 CCl_4、2 滴氯水，边滴边搅拌，CCl_4层显红棕色，再加过量氯水，CCl_4层变浅黄或呈无色，表示有 Br^- 存在。

4. I^- 的鉴定

取 1 滴试液于离心管中，加 1 滴 3mol·L^{-1} H_2SO_4酸化，加入 4 滴 CCl_4后，逐

滴加入氯水，边滴加边用力振荡，如 CCl_4 层开始显紫红色，然后逐渐褪至无色，表示有 I^- 存在。

5. NO_3^- 的鉴定

取 1 小粒 $FeSO_4 \cdot 7H_2O$ 结晶放在点滴板上，加 1 滴 NO_3^- 试液，2 滴浓 H_2SO_4，反应后，在 $FeSO_4$ 周围形成棕色环，表示有 NO_3^- 存在。

6. NO_2^- 的鉴定

取 1 滴试液于点滴板中，加 2 滴 $2mol \cdot L^{-1}$ HAc 酸化，再加对氨基苯磺酸后，放置片刻，再加 1 滴 α-萘胺，若立即呈现红色，表示有 NO_2^- 存在。

7. SO_4^{2-} 的鉴定

取 2 滴试液于离心管中，用 $6mol \cdot L^{-1}$ HCl 酸化后，再多加 1 滴试液，加 2 滴 $0.5mol \cdot L^{-1}$ $BaCl_2$ 溶液，若析出白色沉淀，表示有 SO_4^{2-} 存在。

8. SO_3^{2-} 的鉴定

取 1 滴试液（不含 S^{2-}）于点滴板上，加入 1 滴 $3mol \cdot L^{-1}$ HCl 中和，加 1 滴 0.1%的品红溶液，若很快褪色，表示有 SO_3^{2-} 存在。

9. $C_2O_4^{2-}$ 的鉴定

取 2 滴试液于离心管中，加热至 70℃左右，加 1 滴 $3mol \cdot L^{-1}$ H_2SO_4 和 1 滴 $0.02mol \cdot L^{-1}$ $KMnO_4$ 溶液，振动试管，紫色褪去，并有 CO_2 气体产生，表示有 $C_2O_4^{2-}$ 存在。

10. CO_3^{2-} 的鉴定

取 1 滴试液于玻璃载片上，加 1 滴 $BaCl_2$ 溶液，小火蒸干，冷却，以水浸湿，盖上盖玻片，在盖玻片周围加 1 滴 $3mol \cdot L^{-1}$ HCl，当 HCl 浸入沉淀上时，仔细观察，若有 CO_2 气泡产生，表示有 CO_3^{2-} 存在。

11. PO_4^{3-} 的鉴定

钼酸铵法：取 5 滴试液于离心管中，加 8 滴 $6mol \cdot L^{-1}$ HNO_3 和 10 滴 $0.1mol \cdot L^{-1}$ $(NH_4)_2MoO_4$ 试剂，在水浴中加热，若有黄色沉淀生成，证明有 PO_4^{3-}。

12. S^{2-} 的鉴定

在试管中加 2 滴试液，2 滴 $6mol \cdot L^{-1}$ HCl，迅速用浸湿的 $Pb(Ac)_2$ 试纸盖在

试管口上，如试纸变黑，表示有 S^{2-} 存在。

13. Ac^- 的鉴定

生成乙酸乙酯法：取 5 滴试液于离心管中，加 2 滴浓 H_2SO_4 和 4 滴乙醇，于水浴中加热 1～2min，出现特殊水果香味，表示有 Ac^- 存在。

14. SiO_3^{2-} 的鉴定

NH_4Cl 法：取 4 滴试液于离心管中，用 6mol · L^{-1} HNO_3 酸化，加热除去 CO_2，冷却后加 6mol · L^{-1} $NH_3 \cdot H_2O$ 至溶液为碱性，加饱和 NH_4Cl 溶液并加热，若有白色胶状沉淀生成，表示有 SiO_3^{2-} 存在。

15. CN^- 的鉴定

取 1 滴试液，加 2mol · L^{-1} NaOH 溶液，使溶液呈强碱性，再加 1 滴 25% $FeSO_4$ 溶液煮沸。加 2 滴 2mol · L^{-1} HCl 酸化，再加 1 滴 0.5mol · L^{-1} $FeCl_3$，生成蓝色沉淀，表示有 CN^- 存在。

16. SCN^- 的鉴定

取 1 滴试液于试管中，加 1 滴 0.1mol · L^{-1} $FeCl_3$ 溶液，溶液呈血红色，表示有 SCN^- 存在。

17. $S_2O_3^-$ 的鉴定

取 3 滴试液于试管中，加 3 滴 0.1mol · L^{-1} $AgNO_3$ 溶液，用力振荡，有黑色沉淀生成，表示有 $S_2O_3^-$ 存在。

18. AsO_4^{3-} 的鉴定

取 2 滴试液于试管中，加 2 滴浓 HCl，固体 KI 少许，再加 5～10 滴苯，用力振荡，静置片刻，苯层呈紫红色，表示有 AsO_4^{3-} 存在。

四、思考题

(1) 试用一种试剂将下列各组物质鉴别开。

(a) KI，KNO_3　(b) Na_3PO_4，Na_2SO_4　(c) KNO_3，KNO_2

(2) 有能溶于水的混合物，已经在阳离子分析中鉴定出有 Pb^{2+}，那么哪些阴离子可不必鉴定？

第 6 章　综合、设计实验

实验十八　三草酸合铁(Ⅲ)酸钾的制备及性质

一、实验目的

(1) 掌握简单配合物的制备方法。

(2) 了解三草酸合铁(Ⅲ)酸钾的性质。

(3) 通过相关的性质实验加深对配合物性质的理解。

二、实验原理

1. 配合物的制备

三草酸合铁(Ⅲ)酸钾 $K_3[Fe(C_2O_4)_3]\cdot 3H_2O$ 是一种翠绿色单斜晶体，易溶于热水，难溶于乙醇、丙酮等有机溶剂。

它在日光照射或强光下分解生成黄色的草酸亚铁，遇六氰合铁(Ⅲ)酸钾生成滕氏蓝

$$2K_3[Fe(C_2O_4)_3] \longrightarrow 2FeC_2O_4 + 3K_2C_2O_4 + 2CO_2$$

$$3FeC_2O_4 + 2K_3[Fe(CN)_6] \longrightarrow Fe_3[Fe(CN)_6]_2 + 3K_2C_2O_4$$

是很好的光敏材料，可用于摄影和印刷。

制备三草酸合铁(Ⅲ)酸钾的方法很多：可以用 Fe^{3+} 为起始原料，在一定条件下直接与 $K_2C_2O_4$ 反应合成三草酸合铁(Ⅲ)酸钾，还可以用 Fe^{2+} 为原料。本实验采用自制的硫酸亚铁铵与草酸反应，首先制备出难溶的草酸亚铁晶体，然后在过量草酸根存在下，用过氧化氢氧化草酸亚铁，即可制得三草酸合铁(Ⅲ)酸钾配合物，同时有 $Fe(OH)_3$ 生成，加入适量草酸可使 $Fe(OH)_3$ 转化为三草酸合铁(Ⅲ)酸钾配合物。如果需要快速得到晶体，可采用“溶剂替换法”，加入无水乙醇后，在常温下从溶液中析出 $K_3[Fe(C_2O_4)_3]\cdot 3H_2O$ 晶体。要得到大块晶体，也可以不加乙醇，将溶液冷却静置，自然析出晶体。相关反应式如下：

$$(NH_4)_2Fe(SO_4)_2\cdot 6H_2O + H_2C_2O_4 \longrightarrow FeC_2O_4\cdot 2H_2O + (NH_4)_2SO_4 + H_2SO_4 + 4H_2O$$

$$2FeC_2O_4\cdot 2H_2O + H_2O_2 + 3K_2C_2O_4 + H_2C_2O_4 \longrightarrow 2K_3[Fe(C_2O_4)_3]\cdot 3H_2O$$

2. 配合物的性质

采用化学分析法对产物进行定性分析，确定配合物的中心离子、配位体、内界

离子和外界离子;也可以向产物溶液中加入酸、碱和沉淀剂,使配位平衡发生移动,甚至加入配位能力强的配位剂,使配合物发生转化,从而加深对配合物性质的理解。

三、仪器及试剂

分析天平,烧杯,量筒,表面皿,水浴,点滴板,滤纸,布氏漏斗,抽滤瓶。

$(NH_4)_2Fe(SO_4)_2 \cdot 6H_2O(s)$,$H_2SO_4(3mol \cdot L^{-1})$,$H_2C_2O_4(s)$,$HCl(6mol \cdot L^{-1})$,$BaCl_2(0.1mol \cdot L^{-1})$,$K_2C_2O_4(s)$,$H_2C_2O_4(0.5mol \cdot L^{-1})$,6% H_2O_2,$K_3[Fe(CN)_6](0.1mol \cdot L^{-1})$,无水乙醇,$K_2C_2O_4(1mol \cdot L^{-1})$,20% $Na_3[Co(NO_2)_6]$,$FeCl_3(0.1mol \cdot L^{-1})$,$KSCN(0.1mol \cdot L^{-1})$,$CaCl_2(0.5mol \cdot L^{-1})$,$HAc(6mol \cdot L^{-1})$,$Na_2S(0.5mol \cdot L^{-1})$,$NH_4F(1mol \cdot L^{-1})$,$NaOH(2mol \cdot L^{-1})$。

四、实验内容

1. 三草酸合铁(Ⅲ)酸钾的制备

称取5.0g硫酸亚铁铵固体,加入10滴$3mol \cdot L^{-1}$ H_2SO_4和20mL水,搅拌溶解,再称取1.7g的$H_2C_2O_4$,加入15mL水搅拌溶解,将两种溶液混合,加热至沸并不断搅拌,静置。待黄色的FeC_2O_4晶体充分沉降后,取少量清液于试管中,煮沸,根据是否有沉淀产生,决定是否继续加热,待反应完全后,用倾析法弃去上层清液。在沉淀上加入约10mL热去离子水,搅拌,静置后倾出上层清液,再重复多次洗涤沉淀,直至洗涤液中检验不出SO_4^{2-}。

配制10mL $K_2C_2O_4$饱和溶液($K_2C_2O_4$在20℃时的溶解度为33g/100g H_2O),再将其加入到上述制备的洗净的沉淀中,将盛有混合物的烧杯放到40℃水浴中加热,用滴管缓慢滴加10mL6% H_2O_2,滴加时要不断快速搅拌并维持温度在40℃左右,然后检验Fe^{2+}是否充分被氧化为Fe^{3+},取1滴所得的悬浊液于点滴板上,加1滴$K_3[Fe(CN)_6]$溶液,如果未完全氧化,会出现蓝色,需再加入适量的H_2O_2。将检验过的溶液加热至沸除去过量的H_2O_2,注意加热过程中要搅拌,而且不宜长时间煮沸,先一次性加入6mL $0.5mol \cdot L^{-1}$ $H_2C_2O_4$溶液,然后逐滴加入适量$0.5\ mol \cdot L^{-1}$的$H_2C_2O_4$,此时应快速搅拌,使沉淀溶解完全变为透明的绿色。在滤液中悬挂一小段棉线,然后加入15mL无水乙醇,在暗处放置。冷却,结晶,抽滤至干并用少量的无水乙醇溶液洗涤。称量,计算产率。

2. 三草酸合铁(Ⅲ)酸钾的性质

(1) 将少量产品放在点滴板上,在强烈的日光下观察晶体颜色变化,与放在暗处的晶体比较。

(2) 取少量样品配成饱和溶液(三草酸合铁(Ⅲ)酸钾的溶解度：0℃，4.7g/100g H_2O；100℃，117.7g/100g H_2O)，再加入等体积的 0.1mol · L^{-1} $K_3[Fe(CN)_6]$溶液，混合均匀后用毛笔蘸取少量溶液，在白纸上写字，在强光照射后，字由黄色变为蓝色。

由(1)和(2)的实验结果可以得出三草酸合铁(Ⅲ)酸钾具有何种性质?

(3) 取 2 支试管，分别加入 5 滴产品溶液和 5 滴 1mol · $L^{-1}$$K_2C_2O_4$溶液，再加入 5 滴 20%的 $Na_3[Co(NO_2)_6]$，充分混匀，必要时可用玻璃棒摩擦试管内壁后，观察是否有黄色浑浊现象。

(4) 取 2 支试管，分别加入 5 滴产品溶液和 5 滴 0.1mol · $L^{-1}$$FeCl_3$溶液，再分别加 2 滴 0.1mol · L^{-1}KSCN 溶液，观察溶液是否出现血红色。

(5) 取 2 支试管，分别加入 5 滴产品溶液和 5 滴 1mol · $L^{-1}$$K_2C_2O_4$溶液，再分别加入 2 滴 0.5mol · $L^{-1}$$CaCl_2$溶液，观察现象有何不同。

综合以上实验现象可以定性地判断配合物内界离子和外界离子。

(6) 取 2 支试管，分别加入 5 滴产品溶液，各加入 2 滴 0.1mol · L^{-1}KSCN 溶液，然后再分别加入 5 滴 6mol · L^{-1}HAc 溶液和 5 滴 3mol · $L^{-1}$$H_2SO_4$溶液，观察现象有何不同。

(7) 取 1 支试管加入 5 滴产品溶液，然后逐滴加入 2mol · L^{-1}NaOH 溶液，观察溶液有何变化。

(8) 取 1 支试管加入 5 滴产品溶液，然后加入 10 滴 0.5mol · $L^{-1}$$Na_2S$ 溶液，观察实验现象。

(9) 取 5 滴 0.1mol · $L^{-1}$$FeCl_3$溶液于试管中，加入 1 滴 0.1mol · L^{-1}KSCN 溶液，再往溶液中逐滴加入 1mol · $L^{-1}$$NH_4F$ 溶液，至红色刚好褪色，将溶液分为两份，其中一份加入 0.1mol · L^{-1}KSCN，观察实验现象；另一份加入 1mol · L^{-1} $K_2C_2O_4$溶液至溶液刚好转变为黄绿色(颜色比较浅)，再往此溶液中滴入 1mol · L^{-1} NH_4F 溶液，至黄绿色恰好褪色，通过上述实验比较配合物转化的难易。

(10) 取 2 支试管，分别加入 5 滴产品溶液和 5 滴 0.1mol · $L^{-1}$$K_3[Fe(CN)_6]$溶液，再分别滴入适量 2mol · L^{-1}NaOH 溶液，观察现象有何不同，说明哪种配合物更稳定。

五、注意事项

(1) 在合成三草酸合铁(Ⅲ)酸钾的过程中，加热除过量 H_2O_2时，煮沸时间不可过长。否则生成大颗粒的 $Fe(OH)_3$沉淀，不易溶解。为减少副反应对实验的影响，加入草酸时，用量要适当，不可过多；搅拌速度要快而且要滴加，不可一次倒入。

(2) 合成三草酸合铁(Ⅲ)酸钾之后，产品一定要避光保存备用。

六、思考题

(1) 在制备三草酸合铁(Ⅲ)酸钾时为什么要严格控制水浴温度？

(2) 三草酸合铁(Ⅲ)酸钾见光易分解，应如何保存？

(3) 制备三草酸合铁(Ⅲ)酸钾时加入乙醇的作用是什么？

(4) 影响三草酸合铁(Ⅲ)酸钾产量的主要因素有哪些？

实验十九　由废铁屑制备硫酸亚铁铵

一、实验目的

（1）掌握用废铁屑制备复盐硫酸亚铁铵的方法，了解复盐的特性。

（2）熟悉无机制备中水浴加热、倾析法、减压过滤、蒸发浓缩、结晶干燥等基本操作。

（3）了解目视比色法。

二、实验原理

本实验以废铁屑为起始原料，依次制备硫酸亚铁、硫酸亚铁铵。

铁能溶于稀硫酸中生成硫酸亚铁：

$$Fe(s)+2H^{+}(aq)=\!=\!=Fe^{2+}+H_2(g)$$

若往硫酸亚铁溶液中加入与 $FeSO_4$ 相等物质的量的硫酸铵，则生成复盐硫酸亚铁铵。硫酸亚铁铵比较稳定，它的六水合物 $(NH_4)_2SO_4 \cdot FeSO_4 \cdot 6H_2O$ 不易被空气氧化，在定量分析中常用以配制亚铁离子的标准溶液。像所有的复盐那样，硫酸亚铁铵在水中的溶解度比组成它的每一组分 $FeSO_4$ 或 $(NH_4)_2SO_4$ 的溶解度都要小。蒸发浓缩所得溶液，硫酸亚铁铵会优先析出来，可制得浅绿色的硫酸亚铁铵（六水合物）晶体。

$$Fe^{2+}(aq)+2NH_4^{+}(aq)+2SO_4^{2-}(aq)+6H_2O(l)=\!=\!=(NH_4)_2SO_4 \cdot FeSO_4 \cdot 6H_2O$$

如果溶液的酸性减弱，则亚铁盐（或铁盐）中 Fe^{2+} 与水作用的程度将会增大。在制备 $(NH_4)_2SO_4 \cdot FeSO_4 \cdot 6H_2O$ 过程中，为了使 Fe^{2+} 不与水作用，溶液需要保持足够的酸度。

硫酸亚铁铵的限量分析通常用目视比色法，产品的杂质是 Fe^{3+}，产品的质量等级经常以 Fe^{3+} 含量的多少来判定，Fe^{3+} 与 KSCN 可以形成血红色配离子，根据血红色颜色深浅，可以用目视比色法确定产品级别。

三、仪器及试剂

台秤，烧杯，恒温水浴，锥形瓶，布氏漏斗，吸滤瓶，蒸发皿，比色管。

废铁屑，$(NH_4)_2SO_4(s)$，KSCN$(1mol \cdot L^{-1})$，$H_2SO_4(3mol \cdot L^{-1})$，0.01mg 铁标准。

四、实验内容

1. 废铁屑的预处理

称取约 3g 废铁屑，在通风橱内，向盛有铁屑的烧杯中加入约 10mL $3mol \cdot L^{-1}$

H_2SO_4浸泡，待铁屑表面的锌层全部作用后，用倾析法将溶液倒至指定容器中回收硫酸锌，将铁屑快速洗涤。注意铁屑浸泡的时间不能太长，铁屑表面变成灰色即可。

2. 硫酸亚铁溶液的制备

将经过预处理的铁屑放入做好标记的锥形瓶内，加入 30mL 3mol・L^{-1} H_2SO_4，置于通风橱的水浴箱中加热，用夹子将锥形瓶固定好，防止锥形瓶在水浴锅中翻倒，水浴温度控制在 70～80℃，使铁与硫酸反应至气泡冒出速度很慢为止，反应中注意补充水分，保证溶液原有的 30mL 左右体积，切记不可补充太多水，加热溶解的时间不能太长。停止反应后，迅速趁热减压抽滤，及时将滤液转移到准备好的蒸发皿中。

3. 硫酸亚铁铵的制备

根据 $FeSO_4$ 的理论产量，按作用 1g 铁需 2.2g $(NH_4)_2SO_4$的比例，称取适量的$(NH_4)_2SO_4$，配成饱和溶液[$(NH_4)_2SO_4$ 20℃时的溶解度为 75.4g/100g H_2O]，把它加到滤液中之前，先测定滤液的 pH，将滤液的 pH 控制在 1～2，然后再将$(NH_4)_2SO_4$加到上面所得 $FeSO_4$溶液中。水浴加热上述溶液，蒸发浓缩至溶液表面与器皿接触处有晶体薄膜出现即可。放置，让其自然冷却，得到晶体后，减压抽滤，将晶体尽量抽干后转移至表面皿上，晾干后称量，计算产率。

4. 产品质量的限量分析

在小烧杯中称取 0.5g 产品，用少量不含氧的蒸馏水(将蒸馏水小火煮沸约 10min 盖好冷却)溶解后转移至 25mL 比色管中，再加 1mL 3mol・L^{-1} H_2SO_4和 1mL 1mol・L^{-1}KSCN 溶液，继续加不含氧气的蒸馏水至 25mL 刻度，摇匀，与标准色阶进行目视比色，确定产品中杂质 Fe^{3+} 含量所达到的级别。

五、注意事项

(1) 本实验由于使用废铁屑，含有大量杂质，实验过程中产生刺激性的气体，因此实验要在通风橱中进行。

(2) 铁与稀硫酸反应时注意控制水浴温度和补充水分。

(3) 铁与稀硫酸反应后要趁热抽滤。

(4) 蒸发浓缩时控制溶液的酸度。

六、思考题

(1) 铁屑净化、溶解以及复盐的制备均需要加热，这些加热应注意哪些问题？

(2) 制备硫酸亚铁铵晶体时，溶液为什么必须呈酸性？

(3) 减压过滤硫酸亚铁铵晶体时，如何除去晶体表面上附着的水分？

实验二十　钨硅杂多酸的制备和性质

一、实验目的

(1) 了解钨硅杂多酸的生成原理，掌握杂多化合物制备的一般方法。

(2) 了解杂多酸的性质。

二、实验原理

1. 杂多酸

由不同种类含氧酸根缩合而成的酸称为杂多酸(heteropoly acid，HPA)，相应的盐称为杂多酸盐，把杂多酸和杂多酸盐统称为杂多化合物。

1826 年，J. Berzerius 成功合成了第一个杂多酸 12-钼磷酸铵，距今已有 180 多年的历史了。1864 年，C. Marignac 真正开创了杂多酸研究的时代，合成了钨硅酸，并用化学分析方法对其组成进行了确定，发现 Si 和 W 的原子数比为 1∶12。1872 年，C. Scheibler 合成了钨磷酸。1934 年，英国曼彻斯特 Bragg 研究小组的年轻物理学者 J. F. Keggin 将约含 30 个水的 12-钨磷酸经 P_2O_5 脱水得到 $H_3PW_{12}O_{40}\cdot 5H_2O$，通过 X 射线粉末衍射实验，提出了在杂多酸历史上具有划时代意义的 Keggin 结构模型。1974 年再次测定，确证 Keggin 结构是正确的。Keggin 结构通式可表示为$[XM_{12}O_{40}]^{n-}$(X＝P，Si，Ge，As…；M＝Mo，W)，其中的 X 称为杂原子(中心原子)，M 称为配原子(多原子)。Keggin 结构杂多酸的分子式，见图 6-1。

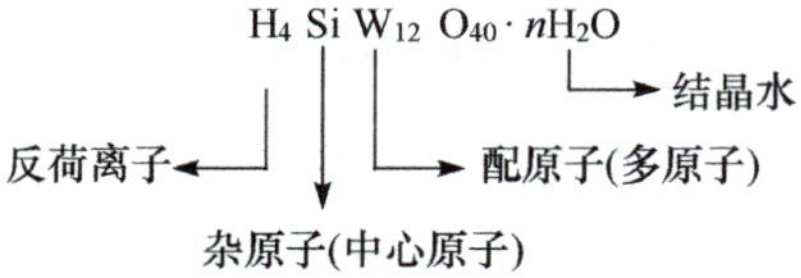

图 6-1　Keggin 结构杂多酸的分子式

Keggin 结构的杂多酸呈 T_d 对称性，中心原子 XO_4 呈四面体结构，配原子 MO_6 呈八面体结构，3 个 MO_6 共边相连，形成 3 个三金属簇 M_3O_{10}，三金属簇与中心四面体之间共角相连。一共有 12 个八面体围绕着中心四面体，见图 6-2。

杂多酸是很强的质子酸，比构成它们相应组成元素的含氧酸酸性强。具有氧化还原性，热稳定性较高。杂多酸由于其结构优异，被广泛应用在催化、药物化学领域。

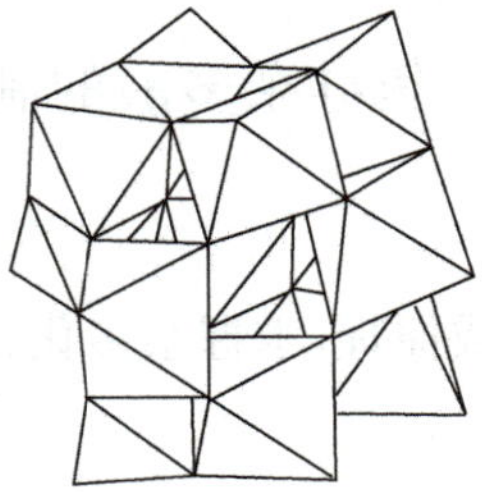

图 6-2 Keggin 结构示意图

2. 杂多酸的制备方法

有乙醚萃取法、离子交换法和电解酸化法等。将不同含氧酸按一定比例混合，通过加热搅拌，经酸化制备杂多酸。冷却后，向混合液中加入乙醚并酸化，萃取分成三层，上层为溶有少量杂多酸的醚层；中间层主要是含有氯化物的水层，下层是杂多酸和乙醚生成的不稳定醚合物油层。收集下层，将乙醚进行蒸发即析出杂多酸晶体。制备反应如下：

$$12Na_2WO_4+Na_2SiO_3+26HCl \longrightarrow H_4SiW_{12}O_{40}\cdot nH_2O+26NaCl+(11-n)H_2O$$

钨硅酸($H_4SiW_{12}O_{40}\cdot nH_2O$)是具有金属光泽的无色八面体晶体，熔点 50℃，在水、乙醚、乙醇中易溶。

三、仪器及试剂

烧杯，滴液漏斗，分液漏斗，玻璃砂漏斗，恒温水浴锅，台秤，电子分析天平，磁力加热搅拌器，酸度计，TG/SDTA851^{e}型热重分析仪。

$Na_2WO_4\cdot 2H_2O$，$Na_2SiO_3\cdot 9H_2O$，3% H_2O_2，浓 HCl，NaOH(0.1mol·L^{-1})，乙醚，均为分析纯。

四、实验内容

1. 钨硅杂多酸的制备

(1) 合成。称取 25.0g $Na_2WO_4\cdot 2H_2O$ 溶于 50mL 水中，置于加热搅拌器上剧烈搅拌，加入 1.9g $Na_2SiO_3\cdot 9H_2O$，加热至沸，从滴液漏斗缓慢滴加浓 HCl，调节溶液 pH 为 2～3，反应 30min，用玻璃砂漏斗过滤除去硅酸沉淀，保留滤液。

(2) 萃取。待反应液冷却后，全部转移到 250mL 分液漏斗中，加入足量的乙醚，再逐滴加入浓 HCl，充分振荡，萃取，待静置后，分出最下层油状的钨硅酸乙醚加合物(简称醚合物)。

(3) 纯化。将所得的醚合物全部转移到分液漏斗中，加入足量的乙醚，再萃取一次，分出钨硅杂多酸醚合物。

（4）除醚。向醚合物中加入约 3mL 蒸馏水，在 40℃ 水浴上蒸发乙醚，直至液体表面出现晶膜。若在蒸发过程中液体变蓝，则需加入少许 3% H_2O_2 至蓝色褪去。在布氏漏斗上抽滤，即得到产品。

2. 钨硅酸的性质

1）热性质

称取少量样品，采用 TG/SDTA851^e 型热重分析仪，在 25～800℃ 的范围内，N_2 气氛下，升温速度为 10℃ · min^{-1}，测定样品的热性质。

2）与 NaOH 的反应

（1）称取约 1.0000g 样品，以甲基橙为指示剂，用 0.1mol · L^{-1} NaOH 标准溶液滴定其水溶液。

（2）称取约 0.2000g 样品，加水溶解后，加热至近沸，以酚酞为指示剂，用 0.1mol · L^{-1} NaOH 标准溶液滴定至终点。

比较以上两种情况，滴定结果有何不同？说明什么问题？

五、思考题

（1）在杂多酸晶体中，结构水失去意味着什么？

（2）用乙醚作萃取剂，应注意哪些事项？

实验二十一　硝酸钾溶解度的测定与提纯

一、实验目的

（1）学习硝酸钾溶解度的测定方法。

（2）了解硝酸钾溶解度与温度的关系，学习绘制溶解度曲线。

（3）掌握提纯硝酸钾的方法。

二、实验要求

（1）通过查阅文献，设计实验方案。测定不同温度下硝酸钾的溶解度，并绘制溶解度随温度变化的曲线。

（2）用约含5%氯化钠的粗硝酸钾进行提纯。依据硝酸钾和氯化钠溶解度与温度的不同关系，提纯硝酸钾。

（3）提纯后需要进行纯度的鉴定（检验 Cl^-）。

提示：离子晶体在水中的溶解度为一定温度下在饱和水溶液中的浓度，以100g水中所溶解溶质的质量(g)来表示。将一定量的离子晶体加入一定量的水中，加热使其完全溶解，在不断搅拌下，冷却到一定温度至刚有晶体析出，此时溶液的浓度就是该温度下的溶解度。

三、思考题

（1）在本实验测定溶解度时，硝酸钾的量及水的体积是否需要准确？测定时应选用什么样的玻璃器皿较为合适？

（2）在测定溶解度时，水的蒸发对实验是否有影响？应采取何种措施？

（3）溶解和结晶过程是否需要搅拌？为什么？

（4）提纯硝酸钾的实验操作步骤如何？

实验二十二　离子鉴定和未知物的鉴别

一、实验目的

(1) 掌握混合离子鉴定和未知物鉴别的基本思路和基本步骤。

(2) 进一步巩固常见阴、阳离子的定性鉴定方法。

(3) 应用元素及化合物的基本性质，对未知物进行鉴别。

二、实验原理

对混合离子鉴定和未知物鉴别通常从以下几个方面入手。

(1) 物态：观察试样在常温时的状态(如是固体物质要观察晶形)、颜色、气味。如试样是固态物质，则配成溶液，再观察溶液的颜色，可预测哪些离子可能存在，哪些离子可能不存在。

(2) 溶解性：溶解性是判断固态试样的一个重要因素。首先观察试样是否溶于水，如不溶，依次用 HCl(稀)、HCl(浓)、HNO_3(稀)、HNO_3(浓)检验其溶解性。

(3) 酸碱性：直接通过对指示剂的反应进行判断。根据试液的酸碱性可排除某些离子存在的可能性。

(4) 热稳定性：观察试样在常温时的稳定性，灼热时是否分解，受热时是否挥发或升华。

(5) 鉴定及鉴别反应：根据上述对试样的观察和初步检验，再进行相应的鉴定及鉴别反应，得到准确的判断。

三、实验要求

(1) 熟悉常见阴、阳离子的定性鉴定方法。

(2) 根据实验内容，拟订实验方案，列出实验所需的全部仪器及试剂。

(3) 实验方案交给指导教师审核，经同意后方可进行实验。

四、实验内容

(1) Cl^-，Br^-，I^-混合液的分离与鉴定。

(2) Fe^{3+}，Co^{2+}，Ni^{2+}，Mn^{2+}，Al^{3+}，Zn^{2+}混合液的鉴定与检出。

(3) 鉴别四种黑色氧化物 CuO，Co_2O_3，PbO_2，MnO_2。

五、思考题

(1) 如何防止 SO_3^{2-} 的存在干扰 CO_3^{2-} 的鉴定？

(2) 盛有六种固体盐的试剂瓶标签已经脱落，试加以鉴别。

$NaNO_3$，　Na_2S，　NaCl，　Na_2HPO_4，　Na_2SO_3，　$Na_2S_2O_3$

主要参考文献

北京师范大学无机化学教研室．2001．无机化学实验．3版．北京:高等教育出版社．
蔡炳新,陈贻文．2001．基础化学实验．北京:科学出版社．
国家标准化管理委员会．2006．中华人民共和国国家标准．北京：中国标准出版社．
揭念芹．2007．基础化学．2版．北京:科学出版社．
金建忠．2009．基础化学实验．杭州:浙江大学出版社．
刘维桥．2008．基础化学实验．成都：西南交通大学出版社．
刘霞．2007．大学化学．北京：中国农业大学出版社．
吕苏琴．2000．基础化学实验Ⅰ．北京：科学出版社．
南京大学大学化学实验教学组．2010．大学化学实验．2版．北京:高等教育出版社．
王恩波,胡长文,许林．1998．多酸化学导论．北京:化学工业出版社．
武汉大学．2006．分析化学(上,下册)．5版．北京：高等教育出版社．

附　　录

附录1　常用物理常数

物理量	符号	数值	SI单位
真空中光的速度	c	$2.99792458(1)\times10^{8}$	$m\cdot s^{-1}$
电子静止质量	m_e	$9.109543(47)\times10^{-31}$	kg
质子静止质量	m_p	$1.6726485(86)\times10^{-27}$	kg
中子静止质量	m_n	$1.6749543(86)\times10^{-27}$	kg
电子电荷	e	$1.6021982(46)\times10^{-19}$	C
质子电荷		1.602189×10^{-19}	C
电子的荷质比	e/m	1.758796×10^{-1}	$C\cdot kg^{-1}$
普朗克常量	h	$6.626176(30)\times10^{-34}$	$J\cdot Hz^{-1}$
阿伏伽德罗常量	N_A	$6.022045(31)\times10^{23}$	mol^{-1}
玻耳兹曼常量	k	1.380662×10^{-23}	$J\cdot K^{-1}$
玻尔半径	α_0	$5.2917706(44)\times10^{-11}$	m
法拉第常量	F	9.648456×10^{4}	$C\cdot mol^{-1}$
摩尔气体常量	R	$8.31441(26)$	$J\cdot K^{-1}\cdot mol^{-1}$
标准压力		1.01325×10^{5}	$N\cdot m^{-2}$(Pa)
水在常压下的冰点	T_0	273.150	K
水的三相点		273.160	K

附录2　不同温度下水的饱和蒸气压

温度/K	饱和蒸气压/Pa	温度/K	饱和蒸气压/Pa	温度/K	饱和蒸气压/Pa	温度/K	饱和蒸气压/Pa
273.2	610.5	277.7	842.3	282.2	1148.0	286.7	1547.1
273.7	633.3	278.2	872.3	282.7	1187.0	287.2	1598.1
274.2	656.7	278.7	903.3	283.2	1228.0	287.7	1650.8
274.7	680.9	279.2	935.0	283.7	1269.0	288.2	1704.9
275.2	705.8	279.7	967.8	284.2	1312.0	288.4	1726.9
275.7	731.4	280.2	1002.0	284.7	1356.7	288.6	1749.3
276.2	757.9	280.7	1037.0	285.2	1402.3	288.8	1771.9
276.7	785.1	281.2	1073.0	285.7	1449.2	289.0	1794.7
277.2	813.4	281.7	1110.0	286.2	1497.3	289.2	1817.7

续表

温度/K	饱和蒸气压/Pa	温度/K	饱和蒸气压/Pa	温度/K	饱和蒸气压/Pa	温度/K	饱和蒸气压/Pa
289.4	1841.0	295.6	2708.6	301.8	3913.5	308.0	5560.9
289.6	1864.8	295.8	2741.8	302.0	3959.3	308.2	5622.9
289.8	1888.6	296.0	2775.1	302.2	4005.4	308.4	5685.4
290.0	1912.8	296.2	2808.8	302.4	4051.9	308.6	5748.5
290.2	1937.2	296.4	2843.0	302.6	4099.0	308.8	5812.2
290.4	1961.8	296.6	2877.5	302.8	4146.6	309.0	5876.6
290.6	1986.9	296.8	2912.4	303.0	4194.5	309.2	5941.2
290.8	2012.1	297.0	2947.8	303.2	4242.9	309.4	6006.7
291.0	2037.7	297.2	2984.7	303.4	4291.8	309.6	6072.7
291.2	2063.4	297.4	3019.5	303.6	4341.1	309.8	6139.5
291.4	2089.6	297.6	3056.0	303.8	4390.8	310.0	6207.0
291.6	2116.0	297.8	3092.8	304.0	4441.2	310.2	6275.1
291.8	2142.6	298.0	3129.9	304.2	4492.3	310.4	6343.7
292.0	2169.4	298.2	3167.2	304.4	4543.9	310.6	6413.1
292.2	2196.8	298.4	3204.9	304.6	4595.8	310.8	6483.1
292.4	2224.5	298.6	3243.2	304.8	4648.2	311.0	6553.7
292.6	2252.3	298.8	3282.0	305.0	4701.1	311.2	6625.1
292.8	2280.5	299.0	3321.3	305.2	4754.7	311.4	6696.9
293.0	2309.0	299.2	3360.9	305.4	4808.7	311.6	6769.3
293.2	2337.8	299.4	3400.9	305.6	4863.2	311.8	6842.5
293.4	2366.9	299.6	3441.3	305.8	4918.4	312.0	6919.6
293.6	2396.3	299.8	3482.0	306.0	4974.0	312.2	6991.7
293.8	2426.1	300.0	3523.2	306.2	5030.1	312.4	7067.3
294.0	2456.1	300.2	3564.9	306.4	5086.9	312.6	7276.7
294.2	2486.5	300.4	3607.0	306.6	5144.1	312.8	7220.2
294.4	2517.1	300.6	3649.6	306.8	5202.0	313.0	7297.7
294.6	2548.2	300.8	3692.5	307.0	5260.5	313.2	7375.9
294.8	2579.7	301.0	3735.8	307.2	5319.3		
295.0	2611.4	301.2	3779.6	307.4	5378.8		
295.2	2643.4	301.4	3823.7	307.6	5439.0		
295.4	2675.8	301.6	3868.3	307.8	5499.7		

资料来源：Dean J A. 1998. Lange's Handbook of Chemistry. 15th ed. New York：McGraw-Hill.

注：温度(K)由 273.2+t℃得到，饱和蒸气压由 1mmHg = $1.333\ 224\times10^2$Pa 换算而得。

附录 3 常用酸碱的浓度

名称	化学式	质量分数/%	密度/(g·mL^{-1})(20 ℃)	物质的量浓度/(mol·L^{-1})
浓盐酸	HCl	36.0～38.0	1.18～1.19	11.6～12.4
稀盐酸		7	1.03	2

续表

名称	化学式	质量分数/%	密度/(g·mL^{-1})(20 ℃)	物质的量浓度/(mol·L^{-1})
浓硝酸	HNO_3	65.0～68.0	1.39～1.40	14.4～15.2
稀硝酸		12	1.07	2
冰醋酸	CH_3COOH	99	1.05	17.4
稀乙酸		12	1.02	2
浓硫酸	H_2SO_4	95～98	1.83～1.84	17.8～18.4
稀硫酸		9	1.06	1
磷酸	H_3PO_4	85	1.69	14.6
高氯酸	$HClO_4$	70.0～72.0	1.68	11.7～12.0
氢氟酸	HF	40	1.13	22.5
氢溴酸	HBr	47.0	1.49	8.6
氢碘酸	HI	57	1.70	7.5
浓氨水	$NH_3 \cdot H_2O$	25～28(NH_3)	0.88～0.90	13.3～14.8
稀氨水		4	0.98	2
浓氢氧化钠溶液	NaOH	40	1.43	14
稀氢氧化钠溶液		8	1.09	2

附录 4 弱酸、弱碱的解离常数 $K^\ominus$

(18～25℃)

化学式	t/℃	$K_a^\ominus(K_b^\ominus)$	化学式	t/℃	$K_a^\ominus(K_b^\ominus)$
H_3AsO_4	18	$K_{a_1}^\ominus=5.5\times10^{-3}$	HIO_3	25	1.69×10^{-1}
	18	$K_{a_2}^\ominus=1.7\times10^{-7}$	HIO	25	2.3×10^{-11}
	18	$K_{a_3}^\ominus=3.95\times10^{-12}$	HNO_2	25	4.6×10^{-4}
H_3BO_3	20	7.3×10^{-10}	NH_4^+	25	5.64×10^{-10}
HBrO	25	2.06×10^{-9}	H_2O_2	25	2.4×10^{-12}
H_2CO_3	25	$K_{a_1}^\ominus=4.30\times10^{-7}$	H_3PO_4	25	$K_{a_1}^\ominus=7.52\times10^{-3}$
	25	$K_{a_2}^\ominus=5.61\times10^{-11}$		25	$K_{a_2}^\ominus=6.23\times10^{-8}$
$H_2C_2O_4$	25	$K_{a_1}^\ominus=5.90\times10^{-2}$		25	$K_{a_3}^\ominus=2.2\times10^{-13}$
	25	$K_{a_2}^\ominus=6.40\times10^{-5}$	H_2S	18	$K_{a_1}^\ominus=9.1\times10^{-8}$
HCN	25	4.93×10^{-10}		18	$K_{a_2}^\ominus=1.1\times10^{-12}$
HClO	18	2.95×10^{-5}	HSO_4^-	25	1.2×10^{-2}
H_2CrO_4	25	$K_{a_1}^\ominus=1.8\times10^{-1}$	H_2SO_3	18	$K_{a_1}^\ominus=1.54\times10^{-2}$
	25	$K_{a_2}^\ominus=3.2\times10^{-7}$		18	$K_{a_2}^\ominus=1.02\times10^{-7}$
HF	25	3.53×10^{-4}	H_2SiO_3	30	$K_{a_1}^\ominus=2.2\times10^{-10}$

续表

化学式	t/℃	$K_a^\ominus(K_b^\ominus)$	化学式	t/℃	$K_a^\ominus(K_b^\ominus)$
	30	$K_{a_2}^\ominus=2\times10^{-12}$	$NH_3\cdot H_2O$	25	1.77×10^{-5}
HCOOH	25	1.77×10^{-4}	AgOH	25	1.0×10^{-2}
CH_3COOH	25	1.76×10^{-5}	$Al(OH)_3$	25	$K_{b_1}^\ominus=5\times10^{-9}$
$CH_2ClCOOH$	25	1.4×10^{-3}		25	$K_{b_2}^\ominus=2\times10^{-10}$
$CHCl_2COOH$	25	5.0×10^{-2}	$Be(OH)_2$	25	$K_{b_1}^\ominus=1.78\times10^{-6}$
$H_3C_6H_5O_7$	20	$K_{a_1}^\ominus=7.1\times10^{-4}$		25	$K_{b_2}^\ominus=2\times10^{-9}$
(柠檬酸)	20	$K_{a_2}^\ominus=1.68\times10^{-5}$	$Ca(OH)_2$	25	3.7×10^{-3}
	20	$K_{a_3}^\ominus=4.1\times10^{-7}$	$Zn(OH)_2$	25	9.6×10^{-4}

资料来源：Weast R C. 1988-1989. CRC Handbook of Chemistry and Physics. 69th ed. Florida: CRC Press Inc.

附录 5　难溶电解质的溶度积常数 $K_{sp}^\ominus$

(18～25℃)

化学式	$K_{sp}^\ominus$	化学式	$K_{sp}^\ominus$	化学式	$K_{sp}^\ominus$
Ag_2CO_3	8.5×10^{-12}	$BaCrO_4$	1.2×10^{-10}	CdS	8×10^{-28}
Ag_2CrO_4	1.1×10^{-12}	BaF_2	1.0×10^{-6}	$Co(OH)_2$	1.6×10^{-15}
Ag_2S	6×10^{-51}	BaS_2O_3	1.6×10^{-5}	$Co(OH)_3$	1.6×10^{-44}
Ag_2SO_3	1.5×10^{-14}	$BaSO_3$	8×10^{-7}	$CoCO_3$	1.4×10^{-13}
Ag_2SO_4	1.4×10^{-5}	$BaSO_4$	1.1×10^{-10}	$Cr(OH)_2$	2×10^{-16}
Ag_3AsO_4	1.0×10^{-22}	BiOCl	1.8×10^{-31}	$Cr(OH)_3$	6.3×10^{-31}
AgBr	5.0×10^{-13}	BiOOH	4×10^{-10}	$Cu(OH)_2$	2.2×10^{-20}
AgCl	1.8×10^{-10}	$Ca(OH)_2$	5.5×10^{-6}	$Cu_2[Fe(CN)_6]$	1.3×10^{-16}
AgCN	1.2×10^{-16}	$Ca_3(PO_4)_2$	2.0×10^{-29}	$Cu_3(AsO_4)_2$	7.6×10^{-36}
AgI	8.5×10^{-17}	CaC_2O_4	4×10^{-9}	CuCl	1.2×10^{-6}
$AgIO_3$	3.0×10^{-8}	$CaCO_3$	2.8×10^{-9}	CuCN	3.2×10^{-20}
AgN_3	2.8×10^{-9}	$CaCrO_4$	7.1×10^{-4}	$CuCO_3$	1.4×10^{-10}
$AgNO_2$	6.0×10^{-4}	CaF_2	5.3×10^{-9}	$CuCrO_4$	3.6×10^{-6}
AgSCN	1.0×10^{-12}	$CaHPO_4$	1×10^{-7}	CuI	1.1×10^{-12}
$Al(OH)_3$	1.3×10^{-33}	$CaSO_3$	6.8×10^{-8}	CuS	6×10^{-37}
$Al_2(PO_4)_3$	6.3×10^{-19}	$CaSO_4$	9.1×10^{-6}	$Fe(OH)_2$	8.0×10^{-16}
$Ba(OH)_2$	5×10^{-3}	$Cd(OH)_2$	2.5×10^{-14}	$Fe(OH)_3$	4×10^{-38}
$Ba_3(PO_4)_2$	5.1×10^{-9}	$CdCO_3$	5.2×10^{-12}	$Fe_4[Fe(CN)_6]_3$	3.3×10^{-41}

续表

化学式	$K_{sp}^{\ominus}$	化学式	$K_{sp}^{\ominus}$	化学式	$K_{sp}^{\ominus}$
$FeAsO_4$	5.7×10^{-21}	$MnCO_3$	1.8×10^{-11}	$Sn(OH)_2$	1.4×10^{-28}
$FeCO_3$	3.2×10^{-11}	MnS	3×10^{-14}	SnS	1×10^{-26}
$FePO_4$	1.3×10^{-22}	$Ni(OH)_2$	2.0×10^{-15}	$SrCO_3$	1.1×10^{-10}
FeS	6×10^{-19}	$NiCO_3$	6.6×10^{-9}	$SrCrO_4$	2.2×10^{-5}
Hg_2Br_2	5.6×10^{-23}	$Pb(N_3)_2$	2.5×10^{-9}	SrF_2	2.5×10^{-9}
Hg_2Cl_2	1.3×10^{-18}	$Pb(OH)_2$	1.2×10^{-15}	$SrSO_4$	3.2×10^{-7}
Hg_2I_2	4.5×10^{-29}	$Pb_3(AsO_4)_2$	4.0×10^{-36}	$Tl(OH)_3$	6.3×10^{-46}
HgS	2×10^{-53}	$PbBr_2$	4.0×10^{-5}	TlBr	3.4×10^{-6}
Li_2CO_3	2.5×10^{-2}	$PbCl_2$	1.6×10^{-5}	TlCl	1.7×10^{-4}
Li_3PO_4	3.2×10^{-9}	$PbCO_3$	7.4×10^{-14}	TlI	6.5×10^{-8}
LiF	3.8×10^{-3}	$PbCrO_4$	2.8×10^{-13}	$Zn(OH)_2$	1.2×10^{-17}
$Mg(OH)_2$	1.8×10^{-11}	PbF_2	2.7×10^{-8}	$Zn_3(PO_4)_2$	9.0×10^{-33}
$Mg_3(PO_4)_2$	1×10^{-25}	PbI_2	7.1×10^{-9}	ZnC_2O_4	2.7×10^{-8}
$MgCO_3$	3.5×10^{-8}	PbS	3×10^{-28}	$ZnCO_3$	1.4×10^{-11}
MgF_2	3.7×10^{-8}	$PbSO_4$	1.6×10^{-8}	ZnS	2×10^{-25}
$MgNH_4PO_4$	2.5×10^{-13}	$Sc(OH)_3$	8.0×10^{-31}		
$Mn(OH)_2$	1.9×10^{-13}	ScF_3	4.2×10^{-18}		

资料来源：Petrucci R H，Herring F G，Madura J D，et al. 2011. General Chemistry：Principles and Mordern Applications. 10th ed. Toronto：Pearson Canada Inc.

附录 6　标准电极电势

一、在酸性溶液中

(298.16K)

元素	电极反应	$\varphi^{\ominus}$/V
Ag	$Ag^+ + e^- \rightleftharpoons Ag$	+0.7996
	$Ag^{2+} + e^- \rightleftharpoons Ag^+$	+1.980
	$AgBr + e^- \rightleftharpoons Ag + Br^-$	+0.071 33
	$AgBrO_3 + e^- \rightleftharpoons Ag + BrO_3^-$	+0.546
	$Ag_2C_2O_4 + 2e^- \rightleftharpoons 2Ag + C_2O_4^{2-}$	+0.4647
	$AgCl + e^- \rightleftharpoons Ag + Cl^-$	+0.222 33
	$Ag_2CO_3 + 2e^- \rightleftharpoons 2Ag + CO_3^{2-}$	+0.47

续表

元素	电极反应	$\varphi^{\ominus}$/V
	$Ag_2CrO_4+2e^- \rightleftharpoons 2Ag+CrO_4^{2-}$	+0.4470
	$AgF+e^- \rightleftharpoons Ag+F^-$	+0.779
	$Ag_4[Fe(CN)_6]+4e^- \rightleftharpoons 4Ag+[Fe(CN)_6]^{4-}$	+0.1478
	$AgI+e^- \rightleftharpoons Ag+I^-$	−0.152 24
	$AgIO_3+e^- \rightleftharpoons Ag+IO_3^-$	+0.354
	$AgNO_2+e^- \rightleftharpoons Ag+NO_2^-$	+0.564
	$Ag_2S+2H^++2e^- \rightleftharpoons 2Ag+H_2S$	−0.0366
	$AgSCN+e^- \rightleftharpoons Ag+SCN^-$	+0.089 51
	$Ag_2SO_4+2e^- \rightleftharpoons 2Ag+SO_4^{2-}$	+0.654
Al	$Al^{3+}+3e^- \rightleftharpoons Al$	−1.662
	$AlF_6^{3-}+3e^- \rightleftharpoons Al+6F^-$	−2.069
As	$As_2O_3+6H^++6e^- \rightleftharpoons 2As+3H_2O$	+0.234
	$HAsO_2+3H^++3e^- \rightleftharpoons As+2H_2O$	+0.248
	$H_3AsO_4+2H^++2e^- \rightleftharpoons HAsO_2+2H_2O$	+0.560
B	$H_3BO_3+3H^++3e^- \rightleftharpoons B+3H_2O$	−0.8698
Ba	$Ba^{2+}+2e^- \rightleftharpoons Ba$	−2.912
Be	$Be^{2+}+2e^- \rightleftharpoons Be$	−1.847
Bi	$BiCl_4^-+3e^- \rightleftharpoons Bi+4Cl^-$	+0.16
	$Bi_2O_4+4H^++2e^- \rightleftharpoons 2BiO^++2H_2O$	+1.593
	$BiO+2H^++3e^- \rightleftharpoons Bi+H_2O$	+0.320
	$BiOCl+2H^++3e^- \rightleftharpoons Bi+Cl^-+H_2O$	+0.1583
Br	$Br_2(aq)+2e^- \rightleftharpoons 2Br^-$	+1.0873
	$Br_2(l)+2e^- \rightleftharpoons 2Br^-$	+1.066
	$HBrO+H^++2e^- \rightleftharpoons Br^-+H_2O$	+1.331
	$HBrO+H^++e^- \rightleftharpoons \frac{1}{2}Br_2(aq)+H_2O$	+1.574
	$HBrO+H^++e^- \rightleftharpoons \frac{1}{2}Br_2(l)+H_2O$	+1.596
	$BrO_3^-+6H^++5e^- \rightleftharpoons \frac{1}{2}Br_2+3H_2O$	+1.482
	$BrO_3^-+6H^++6e^- \rightleftharpoons Br^-+3H_2O$	+1.423
Ca	$Ca^++e^- \rightleftharpoons Ca$	−3.80
	$Ca^{2+}+2e^- \rightleftharpoons Ca$	−2.868
Cd	$Cd^{2+}+2e^- \rightleftharpoons Cd$	−0.4030
	$CdSO_4+2e^- \rightleftharpoons Cd+SO_4^{2-}$	−0.246

续表

元素	电极反应	$\varphi^{\ominus}$/V
Cl	$Cl_2(g)+2e^- \rightleftharpoons 2Cl^-$	+1.358 27
	$HClO+H^++e^- \rightleftharpoons \frac{1}{2}Cl_2+H_2O$	+1.611
	$HClO+H^++2e^- \rightleftharpoons Cl^-+H_2O$	+1.482
	$ClO_2+H^++e^- \rightleftharpoons HClO_2$	+1.277
	$HClO_2+2H^++2e^- \rightleftharpoons HClO+2H_2O$	+1.645
	$HClO_2+3H^++3e^- \rightleftharpoons \frac{1}{2}Cl_2+2H_2O$	+1.628
	$HClO_2+3H^++4e^- \rightleftharpoons Cl^-+2H_2O$	+1.570
	$ClO_3^-+2H^++e^- \rightleftharpoons ClO_2+H_2O$	+1.152
	$ClO_3^-+3H^++2e^- \rightleftharpoons HClO_2+H_2O$	+1.214
	$ClO_3^-+6H^++5e^- \rightleftharpoons \frac{1}{2}Cl_2+3H_2O$	+1.47
	$ClO_3^-+6H^++6e^- \rightleftharpoons Cl^-+3H_2O$	+1.451
	$ClO_4^-+2H^++2e^- \rightleftharpoons ClO_3^-+H_2O$	+1.189
	$ClO_4^-+8H^++7e^- \rightleftharpoons \frac{1}{2}Cl_2+4H_2O$	+1.39
	$ClO_4^-+8H^++8e^- \rightleftharpoons Cl^-+4H_2O$	+1.389
Co	$Co^{2+}+2e^- \rightleftharpoons Co$	−0.28
	$Co^{3+}+e^- \rightleftharpoons Co^{2+}(2mol \cdot L^{-1}H_2SO_4)$	+1.83
Cr	$Cr^{2+}+2e^- \rightleftharpoons Cr$	−0.913
	$Cr^{3+}+e^- \rightleftharpoons Cr^{2+}$	−0.407
	$Cr^{3+}+3e^- \rightleftharpoons Cr$	−0.744
	$Cr_2O_7^{2-}+14H^++6e^- \rightleftharpoons 2Cr^{3+}+7H_2O$	+1.232
	$HCrO_4^-+7H^++3e^- \rightleftharpoons Cr^{3+}+4H_2O$	+1.350
Cu	$Cu^++e^- \rightleftharpoons Cu$	+0.521
	$Cu^{2+}+e^- \rightleftharpoons Cu^+$	+0.153
	$Cu^{2+}+2e^- \rightleftharpoons Cu$	+0.3419
	$CuI_2^-+e^- \rightleftharpoons Cu+2I^-$	+0.00
F	$F_2+2H^++2e^- \rightleftharpoons 2HF$	+3.053
	$F_2+2e^- \rightleftharpoons 2F^-$	+2.866
	$F_2O+2H^++4e^- \rightleftharpoons H_2O+2F^-$	+2.153
Fe	$Fe^{2+}+2e^- \rightleftharpoons Fe$	−0.447
	$Fe^{3+}+3e^- \rightleftharpoons Fe$	−0.037

续表

元素	电极反应	$\varphi^{\ominus}$/V
	$Fe^{3+}+e^- \rightleftharpoons Fe^{2+}$	+0.771
	$[Fe(CN)_6]^{3-}+e^- \rightleftharpoons [Fe(CN)_6]^{4-}$	+0.358
	$FeO_4^{2-}+8H^++3e^- \rightleftharpoons Fe^{3+}+4H_2O$	+2.20
H	$2H^++2e^- \rightleftharpoons H_2$	+0.000 00
	$H_2+2e^- \rightleftharpoons 2H^-$	−2.23
	$HO_2+H^++e^- \rightleftharpoons H_2O_2$	+1.495
	$H_2O_2+2H^++2e^- \rightleftharpoons 2H_2O$	+1.776
Hf	$HfO^{2+}+2H^++4e^- \rightleftharpoons Hf+H_2O$	−1.724
	$HfO_2+4H^++4e^- \rightleftharpoons Hf+2H_2O$	−1.505
Hg	$Hg^{2+}+2e^- \rightleftharpoons Hg$	+0.851
	$2Hg^{2+}+2e^- \rightleftharpoons Hg_2^{2+}$	+0.920
	$Hg_2^{2+}+2e^- \rightleftharpoons 2Hg$	+0.7973
	$Hg_2Br_2+2e^- \rightleftharpoons 2Hg+2Br^-$	+0.139 23
	$Hg_2Cl_2+2e^- \rightleftharpoons 2Hg+2Cl^-$	+0.268 08
	$Hg_2HPO_4+2e^- \rightleftharpoons 2Hg+HPO_4^{2-}$	+0.6359
	$Hg_2I_2+2e^- \rightleftharpoons 2Hg+2I^-$	−0.0405
	$Hg_2SO_4+2e^- \rightleftharpoons 2Hg+SO_4^{2-}$	+0.6125
I	$I_2+2e^- \rightleftharpoons 2I^-$	+0.5355
	$I_3^-+2e^- \rightleftharpoons 3I^-$	+0.536
	$H_5IO_6+H^++2e^- \rightleftharpoons IO_3^-+3H_2O$	+1.601
	$2HIO+2H^++2e^- \rightleftharpoons I_2+2H_2O$	+1.439
	$HIO+H^++2e^- \rightleftharpoons I^-+H_2O$	+0.987
	$2IO_3^-+12H^++10e^- \rightleftharpoons I_2+6H_2O$	+1.195
	$IO_3^-+6H^++6e^- \rightleftharpoons I^-+3H_2O$	+1.085
K	$K^++e^- \rightleftharpoons K$	−2.931
La	$La^{3+}+3e^- \rightleftharpoons La$	−2.522
Li	$Li^++e^- \rightleftharpoons Li$	−3.0401
Mg	$Mg^++e^- \rightleftharpoons Mg$	−2.70
	$Mg^{2+}+2e^- \rightleftharpoons Mg$	−2.372
Mn	$Mn^{2+}+2e^- \rightleftharpoons Mn$	−1.185
	$Mn^{3+}+e^- \rightleftharpoons Mn^{2+}$	+1.5415
	$MnO_2+4H^++2e^- \rightleftharpoons Mn^{2+}+2H_2O$	+1.224

续表

元素	电极反应	$\varphi^{\ominus}$/V
	$MnO_4^- + e^- \rightleftharpoons MnO_4^{2-}$	+0.558
	$MnO_4^- + 4H + 3e^- \rightleftharpoons MnO_2 + 2H_2O$	+1.679
	$MnO_4^- + 8H^+ + 5e^- \rightleftharpoons Mn^{2+} + 4H_2O$	+1.507
Mo	$Mo^{3+} + 3e^- \rightleftharpoons Mo$	−0.200
N	$N_2 + 2H_2O + 6H^+ + 6e^- \rightleftharpoons 2NH_4O$	+0.092
	$3N_2 + 2H^+ + 2e^- \rightleftharpoons 2NH_3(aq)$	−3.09
	$N_2H_5^+ + 3H^+ + 2e^- \rightleftharpoons 2NH_4^+$	+1.275
	$N_2O + 2H^+ + 2e^- \rightleftharpoons N_2 + H_2O$	+1.766
	$H_2N_2O_2 + 2H^+ + 2e^- \rightleftharpoons N_2 + 2H_2O$	+2.65
	$N_2O_4 + 2e^- \rightleftharpoons 2NO_2^-$	+0.867
	$N_2O_4 + 2H^+ + 2e^- \rightleftharpoons 2HNO_2$	+1.065
	$N_2O_4 + 4H^+ + 4e^- \rightleftharpoons 2NO + 2H_2O$	+1.035
	$2NH_3OH^+ + H^+ + 2e^- \rightleftharpoons N_2H_5^+ + 2H_2O$	+1.42
	$2NO + 2e^- \rightleftharpoons N_2O_2^{2-}$	+0.10
	$2NO + 2H^+ + 2e^- \rightleftharpoons N_2O + H_2O$	+1.591
	$HNO_2 + H^+ + e^- \rightleftharpoons NO + H_2O$	+0.983
	$2HNO_2 + 4H^+ + 4e^- \rightleftharpoons H_2N_2O_2 + 2H_2O$	+0.86
	$2HNO_2 + 4H^+ + 4e^- \rightleftharpoons N_2O + 3H_2O$	+1.297
	$NO_3^- + 3H^+ + 2e^- \rightleftharpoons HNO_2 + H_2O$	+0.934
	$NO_3^- + 4H^+ + 3e^- \rightleftharpoons NO + 2H_2O$	+0.957
	$2NO_3^- + 4H^+ + 2e^- \rightleftharpoons N_2O_4 + 2H_2O$	+0.803
Na	$Na^+ + e^- \rightleftharpoons Na$	−2.71
Ni	$Ni^{2+} + 2e^- \rightleftharpoons Ni$	−0.257
	$NiO_2 + 4H^+ + 2e^- \rightleftharpoons Ni^{2+} + 2H_2O$	+1.678
O	$O_2 + 2H^+ + 2e^- \rightleftharpoons H_2O_2$	+0.695
	$O_2 + 4H^+ + 4e^- \rightleftharpoons 2H_2O$	+1.229
	$O(g) + 2H^+ + 2e^- \rightleftharpoons H_2O$	+2.421
	$O_3 + 2H^+ + 2e^- \rightleftharpoons O_2 + H_2O$	+2.076
P	P(红)$ + 3H^+ + 3e^- \rightleftharpoons PH_3(g)$	−0.111
	P(白)$ + 3H^+ + 3e^- \rightleftharpoons PH_3(g)$	−0.063
	$H_3PO_2 + H^+ + 3e^- \rightleftharpoons P + 2H_2O$	−0.508
	$H_3PO_3 + 2H^+ + 2e^- \rightleftharpoons H_3PO_2 + H_2O$	−0.499

续表

元素	电极反应	$\varphi^\ominus$/V
	$H_3PO_3+3H^++3e^- \rightleftharpoons P+3H_2O$	−0.454
	$H_3PO_4+2H^++2e^- \rightleftharpoons H_3PO_3+2H_2O$	−0.276
Pb	$Pb^{2}+2e^- \rightleftharpoons Pb$	−0.1262
	$PbBr_2+2e^- \rightleftharpoons Pb+2Br^-$	−0.284
	$PbCl_2+2e^- \rightleftharpoons Pb+2Cl^-$	−0.2675
	$PbF_2+2e^- \rightleftharpoons Pb+2F^-$	−0.3444
	$PbHPO_4+2e^- \rightleftharpoons Pb+HPO_4^{2-}$	−0.465
	$PbI_2+2e^- \rightleftharpoons Pb+2I^-$	−0.365
	$PbO_2+4H^++2e^- \rightleftharpoons Pb^{2+}+2H_2O$	+1.455
	$PbO_2+SO_4^{2-}+4H^++2e^- \rightleftharpoons PbSO_4+2H_2O$	+1.6913
	$PbSO_4+2e^- \rightleftharpoons Pb+SO_4^{2-}$	−0.3588
S	$S+2H^++2e^- \rightleftharpoons H_2S(aq)$	+0.142
	$S_2O_6^{2-}+4H^++2e^- \rightleftharpoons 2H_2SO_3$	+0.564
	$S_2O_8^{2-}+2e^- \rightleftharpoons 2SO_4^{2-}$	+2.010
	$S_2O_8^{2-}+2H^++2e^- \rightleftharpoons 2HSO_4^-$	+2.123
	$2H_2SO_3+H^++2e^- \rightleftharpoons HS_2O_4^-+2H_2O$	−0.056
	$H_2SO_3+4H^++4e^- \rightleftharpoons S+3H_2O$	+0.449
	$SO_4^{2-}+4H^++2e^- \rightleftharpoons H_2SO_3+H_2O$	+0.172
	$2SO_4^{2-}+4H^++2e^- \rightleftharpoons S_2O_6^{2-}+2H_2O$	−0.22
Sb	$Sb+3H^++3e^- \rightleftharpoons SbH_3$	−0.510
	$Sb_2O_3+6H^++6e^- \rightleftharpoons 2Sb+3H_2O$	+0.152
	$Sb_2O_5+6H^++4e^- \rightleftharpoons 2SbO^++3H_2O$	+0.581
	$SbO^++2H^++3e^- \rightleftharpoons Sb+H_2O$	+0.212
Se	$Se+2H^++2e^- \rightleftharpoons H_2Se(aq)$	−0.399
	$H_2SeO_3+4H^++4e^- \rightleftharpoons Se+3H_2O$	+0.74
	$SeO_4^{2-}+4H^++2e^- \rightleftharpoons H_2SeO_3+H_2O$	+1.151
Si	$SiF_6^{2-}+4e^- \rightleftharpoons Si+6F^-$	−1.24
	SiO_2(石英)$+4H^++4e^- \rightleftharpoons Si+H_2O$	+0.857
Sn	$Sn^{2+}+2e^- \rightleftharpoons Sn$	−0.1375
	$Sn^{4+}+2e^- \rightleftharpoons Sn^{2+}$	+0.151
Sr	$Sr^++e^- \rightleftharpoons Sr$	−4.10
	$Sr^{2+}+2e^- \rightleftharpoons Sr$	−2.89

续表

元素	电极反应	$\varphi^{\ominus}/V$
	$Sr^{2+}+2e^{-} \rightleftharpoons Sr(Hg)$	−1.739
Te	$Te+2H^{+}+2e^{-} \rightleftharpoons H_2Te$	−0.793
	$Te^{4+}+4e^{-} \rightleftharpoons Te$	+0.568
	$TeO_2+4H^{+}+4e^{-} \rightleftharpoons Te+2H_2O$	+0.593
	$TeO_4^{-}+8H^{-}+7e^{-} \rightleftharpoons Te+4H_2O$	+0.472
	$H_6TeO_6+2H^{+}+2e^{-} \rightleftharpoons TeO_2+4H_2O$	+1.02
Ti	$Ti^{2+}+2e^{-} \rightleftharpoons Ti$	−1.630
	$Ti^{3+}+e^{-} \rightleftharpoons Ti^{2+}$	−0.368
	$TiO^{2+}+2H^{+}+e^{-} \rightleftharpoons Ti^{3+}+H_2O$	+0.099
	$TiO_2+4H^{+}+2e^{-} \rightleftharpoons Ti^{2}+2H_2O$	−0.502
	$TiOH^{3+}+H^{+}+e^{-} \rightleftharpoons Ti^{3+}+H_2O$	−0.055
V	$V^{2+}+2e^{-} \rightleftharpoons V$	−1.175
	$V^{3+}+e^{-} \rightleftharpoons V^{2+}$	−0.255
	$VO^{2+}+2H^{+}+e^{-} \rightleftharpoons V^{3+}+H_2O$	+0.337
	$VO_2^{+}+2H^{+}+e^{-} \rightleftharpoons VO^{2+}+H_2O$	+0.991
	$V(OH)_4^{+}+2H^{+}+e^{-} \rightleftharpoons VO^{2+}+3H_2O$	+1.00
	$V(OH)_4^{+}+4H^{+}+5e^{-} \rightleftharpoons V+4H_2O$	−0.254
W	$W_2O_5+2H^{+}+2e^{-} \rightleftharpoons 2WO_2+H_2O$	+0.031
	$WO_2+4H^{+}+4e^{-} \rightleftharpoons W+2H_2O$	−0.119
	$WO_3+6H^{+}+6e^{-} \rightleftharpoons W+3H_2O$	−0.090
	$2WO_3+2H^{+}+2e^{-} \rightleftharpoons W_2O_5+H_2O$	+0.029
Zn	$Zn^{2+}+2e^{-} \rightleftharpoons Zn$	−0.7618

二、在碱性溶液中

元素	电极反应	$\varphi^{\ominus}/V$
Ag	$AgCN+e^{-} \rightleftharpoons Ag+CN^{-}$	−0.017
	$[Ag(CN)_2]^{-}+e^{-} \rightleftharpoons Ag+2CN^{-}$	−0.31
	$[Ag(NH_3)_2]^{+}+e^{-} \rightleftharpoons Ag+2NH_3$	+0.373
	$Ag_2O+H_2O+2e^{-} \rightleftharpoons 2Ag+2OH^{-}$	+0.342
	$Ag_2O_3+H_2O+2e^{-} \rightleftharpoons 2AgO+2OH^{-}$	+0.739
	$2AgO+H_2O+2e^{-} \rightleftharpoons Ag_2O+2OH^{-}$	+0.607
	$Ag_2S+2e^{-} \rightleftharpoons 2Ag+S^{2-}$	−0.691

续表

元素	电极反应	$\varphi^{\ominus}/V$
Al	$H_2AlO_3^- + H_2O + 3e^- \rightleftharpoons Al + 4OH^-$	−2.33
As	$AsO_2^- + 2H_2O + 3e^- \rightleftharpoons As + 4OH^-$	−0.68
	$AsO_4^{3-} + 2H_2O + 2e^- \rightleftharpoons AsO_2^- + 4OH^-$	−0.71
B	$H_2BO_3^- + 5H_2O + 8e^- \rightleftharpoons BH_4^- + 8OH^-$	−1.24
	$H_2BO_3^- + H_2O + 3e^- \rightleftharpoons B + 4OH^-$	−1.79
Ba	$Ba(OH)_2 + 2e^- \rightleftharpoons Ba + 2OH^-$	−2.99
Be	$Be_2O_3^{2-} + 3H_2O + 4e^- \rightleftharpoons 2Be + 6OH^-$	−2.63
Bi	$Bi_2O_3 + 3H_2O + 6e^- \rightleftharpoons 2Bi + 6OH^-$	−0.46
Br	$BrO^- + H_2O + 2e^- \rightleftharpoons Br^- + 2OH^-$	+0.761
	$BrO_3^- + 3H_2O + 6e^- \rightleftharpoons Br^- + 6OH^-$	+0.61
Ca	$Ca(OH)_2 + 2e^- \rightleftharpoons Ca + 2OH^-$	−3.02
	$Ca(OH)_2 + 2e^- \rightleftharpoons Ca(Hg) + 2OH^-$	−0.809
Cl	$ClO^- + H_2O + 2e^- \rightleftharpoons Cl^- + 2OH^-$	+0.81
	$ClO_2^- + H_2O + 2e^- \rightleftharpoons ClO^- + 2OH^-$	+0.66
	$ClO_2^- + 2H_2O + 4e^- \rightleftharpoons Cl^- + 4OH$	+0.76
	$ClO_2(aq) + e^- \rightleftharpoons ClO_2^-$	+0.954
	$ClO_3^- + H_2O + 2e^- \rightleftharpoons ClO_2^- + 2OH^-$	+0.33
	$ClO_3^- + 3H_2O + 6e^- \rightleftharpoons Cl^- + 6OH^-$	+0.62
	$ClO_4^- + 2H_2O + 2e^- \rightleftharpoons ClO_3^- + 2OH^-$	+0.36
Co	$[Co(NH_3)_6]^{3+} + e^- \rightleftharpoons [Co(NH_3)_6]^{2+}$	+0.108
	$Co(OH)_2 + 2e^- \rightleftharpoons Co + 2OH^-$	−0.73
	$Co(OH)_3 + e^- \rightleftharpoons Co(OH)_2 + OH^-$	+0.17
Cr	$CrO_2^- + 2H_2O + 3e^- \rightleftharpoons Cr + 4OH^-$	−0.12
	$CrO_4^{2-} + 4H_2O + 3e^- \rightleftharpoons Cr(OH)_3 + 5OH^-$	−0.13
	$Cr(OH)_3 + 3e^- \rightleftharpoons Cr + 3OH^-$	−1.48
Cu	$Cu^{2+} + 2CN^- + e^- \rightleftharpoons [Cu(CN)_2]^-$	+1.103
	$[Cu(CN)_3]^- + e^- \rightleftharpoons Cu + 2CN^-$	−0.429
	$[Cu(NH_3)_2]^+ + e^- \rightleftharpoons Cu + 2HN_3$	−0.12
	$Cu_2O + H_2O + 2e^- \rightleftharpoons 2Cu + 2OH^-$	−0.360
	$Cu(OH)_2 + 2e^- \rightleftharpoons Cu + 2OH^-$	+0.222
	$2Cu(OH)_2 + 2e^- \rightleftharpoons Cu_2O + 2OH^- + H_2O$	+0.080
Fe	$[Fe(CN)_6]^{3-} + e^- \rightleftharpoons [Fe(CN)_6]^{4-}$	+0.358
	$Fe(OH)_3 + e^- \rightleftharpoons Fe(OH)_2 + OH^-$	−0.56

续表

元素	电极反应	$\varphi^{\ominus}/V$
	$Fe(OH)_3+e^- \rightleftharpoons Fe(OH)_2+OH^-$	−0.56
Ga	$H_2GaO_3^- +H_2O+3e^- \rightleftharpoons Ga+4OH^-$	−1.219
H	$2H_2O+2e^- \rightleftharpoons H_2+2OH^-$	−0.8277
Hf	$HfO(OH)_2+H_2O+4e^- \rightleftharpoons Hf+4OH^-$	−2.50
Hg	$Hg_2O+H_2O+2e^- \rightleftharpoons 2Hg+2OH^-$	+0.123
	$HgO+H_2O+2e^- \rightleftharpoons Hg+2OH^-$	+0.0977
I	$H_3IO_3^{2-}+2e^- \rightleftharpoons IO_3^- +3OH^-$	+0.7
	$IO^- +H_2O+2e^- \rightleftharpoons I^- +2OH^-$	+0.485
	$IO_3^- +2H_2O+4e^- \rightleftharpoons IO^- +4OH^-$	+0.56
	$IO_3^- +3H_2O+6e^- \rightleftharpoons I^- +6OH^-$	+0.26
Ir	$Ir_2O_{3+}3H_2O+6e^- \rightleftharpoons 2Ir+6OH^-$	+0.0928
La	$La(OH)_3+3e^- \rightleftharpoons La+3OH^-$	−2.90
Mg	$Mg(OH)_2+2e^- \rightleftharpoons Mg+2OH^-$	−2.690
Mn	$MnO_4^- +2H_2O+3e^- \rightleftharpoons MnO_2+4OH^-$	+0.595
	$MnO_4^{2-} +2H_2O+2e^- \rightleftharpoons MnO_2+4OH^-$	+0.60
	$Mn(OH)_2+2e^- \rightleftharpoons Mn+2OH^-$	−1.56
	$Mn(OH)_3+e^- \rightleftharpoons Mn(OH)_2+OH^-$	+0.15
N	$2NO+H_2O+2e^- \rightleftharpoons N_2O+2OH^-$	+0.76
	$NO_2^- +H_2O+e^- \rightleftharpoons NO+2OH^-$	−0.46
	$2NO_2{}^- +2H_2O+4e^- \rightleftharpoons N_2^{2-} +4OH^-$	−0.18
	$2NO_2{}^- +3H_2O+4e^- \rightleftharpoons N_2O+6OH^-$	+0.15
	$NO_3^- +H_2O+2e^- \rightleftharpoons NO_2^- +2OH^-$	+0.01
	$2NO_3^- +2H_2O+2e^- \rightleftharpoons N_2O_4+4OH^-$	−0.85
Ni	$Ni(OH)_2+2e^- \rightleftharpoons Ni+2OH^-$	−0.72
	$NiO_2+2H_2O+2e^- \rightleftharpoons Ni(OH)_2+2OH^-$	−0.490
O	$O_2+H_2O+2e^- \rightleftharpoons HO_2^- +OH^-$	−0.076
	$O_2+2H_2O+2e^- \rightleftharpoons H_2O_2+2OH^-$	−0.146
	$O_2+2H_2O+4e^- \rightleftharpoons 4OH^-$	+0.401
	$O_3+H_2O+2e^- \rightleftharpoons O_2+2OH^-$	+1.24
	$OH+e^- \rightleftharpoons OH^-$	+2.02
	$HO_2^- +H_2O+2e^- \rightleftharpoons 3OH^-$	+0.878
P	$P+3H_2O+3e^- \rightleftharpoons PH_3(g)+3OH^-$	−0.87

续表

元素	电极反应	$\varphi^{\ominus}$/V
	$H_2PO_2^- + e^- \rightleftharpoons P + 2OH^-$	−1.82
	$HPO_3^{2-} + 2H_2O + 2e^- \rightleftharpoons H_2PO_2^- + 3OH^-$	−1.65
	$HPO_3^{2-} + 2H_2O + 3e^- \rightleftharpoons P + 5OH^-$	−1.71
	$PO_4^{3-} + 2H_2O + 2e^- \rightleftharpoons HPO_3^{2-} + 3OH^-$	−1.05
Pb	$PbO + H_2O + 2e^- \rightleftharpoons Pb + 2OH^-$	−0.580
	$HPbO_2^- + H_2O + 2e^- \rightleftharpoons Pb + 3OH^-$	−0.537
	$PbO_2 + H_2O + 2e^- \rightleftharpoons PbO + 2OH^-$	+0.247
S	$S + 2e^- \rightleftharpoons S^{2-}$	−0.476 27
	$S + H_2O + 2e^- \rightleftharpoons HS^- + OH^-$	−0.478
	$2S + 2e^- \rightleftharpoons S_2^{2-}$	−0.428 36
	$S_4O_6^{2-} + 2e^- \rightleftharpoons 2S_2O_3^{2-}$	+0.08
	$2SO_3^{2-} + 2H_2O + 2e^- \rightleftharpoons S_2O_4^{2-} + 4OH^-$	−1.12
	$2SO_3^{2-} + 3H_2O + 4e^- \rightleftharpoons S_2O_3^{2-} + 6OH^-$	−0.571
	$SO_4^{2-} + H_2O + 2e^- \rightleftharpoons SO_3^{2-} + 2OH^-$	−0.93
Sb	$SbO_2^- + 2H_2O + 3e^- \rightleftharpoons Sb + 4OH^-$	−0.66
	$SbO_3^- + H_2O + 2e^- \rightleftharpoons SbO_2^- + 2OH^-$	−0.59
Se	$Se + 2e^- \rightleftharpoons Se^{2-}$	−0.924
	$SeO_3^{2-} + 3H_2O + 4e^- \rightleftharpoons Se + 6OH^-$	−0.366
	$SeO_4^{2-} + H_2O + 2e^- \rightleftharpoons SeO_3^{2-} + 2OH^-$	+0.05
Si	$Si_3^{2-} + 3H_2O + 4e^- \rightleftharpoons Si + 6OH^-$	−1.697
Sn	$HSnO_2^- + H_2O + 2e^- \rightleftharpoons Sn + 3OH^-$	−0.909
	$Sn(OH)_3^{2-} + 2e^- \rightleftharpoons HSnO_2^- + 3OH^- + H_2O$	−0.93
Sr	$Sr(OH)_2 + 2e^- \rightleftharpoons Sr + 2OH^-$	−2.88
Te	$Te + 2e^- \rightleftharpoons Te^{2-}$	−1.143
	$TeO_3^{2-} + 3H_2O + 4e^- \rightleftharpoons Te + 6OH^-$	−0.57
Zn	$[Zn(CN)_4]^{2-} + 2e^- \rightleftharpoons Zn + 4CN^-$	−1.26
	$[Zn(NH_3)_4]^{2+} + 2e^- \rightleftharpoons Zn + 4NH_3(aq)$	−1.04
	$ZnO_3^{2-} + 2H_2O + 2e^- \rightleftharpoons Zn + 4OH^-$	−1.215

资料来源：Weast R C. 1987-1988. CRC Handbook of Chemistry and Physics. 68th ed. Florida：CRC Press Inc.

附录 7 常见配离子的稳定常数 $K_f^\ominus$

配离子	$K_f^\ominus$	配离子	$K_f^\ominus$
$[Ag(CN)_2]^-$	1.3×10^{21}	$FeCl_3$	98
$[Ag(NH_3)_2]^+$	1.1×10^7	$[Fe(CN)_6]^{4-}$	1.0×10^{35}
$[Ag(SCN)_2]^-$	3.7×10^7	$[Fe(CN)_6]^{3-}$	1.0×10^{42}
$[Ag(S_2O_3)_2]^{3-}$	2.9×10^{13}	$[Fe(C_2O_4)_3]^{3-}$	2×10^{20}
$[Al(C_2O_4)_3]^{3-}$	2.0×10^{16}	$Fe(NSC)^{2+}$	2.2×10^3
$[AlF_6]^{3-}$	6.9×10^{19}	FeF_3	1.13×10^{12}
$[Cd(CN)_4]^{2-}$	6.0×10^{18}	$[HgCl_4]^{2-}$	1.2×10^{15}
$[CdCl_4]^{2-}$	6.0×10^2	$[Hg(CN)_4]^{2-}$	2.5×10^{41}
$[Cd(NH_3)_4]^{2+}$	1.3×10^7	$[HgI_4]^{2-}$	6.8×10^{29}
$[Cd(SCN)_4]^{2-}$	4.0×10^3	$[Hg(NH_3)_4]^{2+}$	1.9×10^{19}
$[Co(NH_3)_6]^{2+}$	1.3×10^5	$[Ni(CN)_4]^{2-}$	2.0×10^{31}
$[Co(NH_3)_6]^{3+}$	2.0×10^{35}	$[Ni(NH_3)_4]^{2+}$	9.1×10^7
$[Cu(NSC)_4]^{2-}$	1.0×10^3	$[Pb(CH_3COO)_4]^{2-}$	3×10^8
$[Cu(CN)_2]^-$	1.0×10^{24}	$[Pb(CN)_4]^{2+}$	1.0×10^{11}
$[Cu(CN)_4]^{3-}$	2.0×10^{30}	$[Zn(CN)_4]^{2-}$	5.0×10^{16}
$[Cu(NH_3)_2]^+$	7.2×10^{10}	$[Zn(C_2O_4)_3]^{3-}$	4.0×10^7
$[Cu(NH_3)_4]^{2+}$	2.1×10^{13}	$[Zn(OH)_4]^{2-}$	4.6×10^{17}
		$[Zn(NH_3)_4]^{2+}$	2.9×10^9

资料来源：Dean J A. 1985. Lange's Handbook of Chemistry. 13th ed. New York：McGraw-Hill，71-91。

附录 8 常见离子和化合物的颜色

离子	颜色	化合物	颜色
$[Cu(H_2O)_4]^{2+}$	蓝色	CuO	黑色
$[Cu(NH_3)_4]^{2+}$	深蓝色	Ag_2O	褐色
$[Mn(H_2O)_6]^{2+}$	肉色	MnO_2	棕色
MnO_4^{2-}	绿色	$Cu(OH)_2$	浅蓝色
MnO_4^-	紫红色	$Ni(OH)_2$	浅绿色
$[Fe(H_2O)_6]^{2+}$	浅绿色	$Fe(OH)_3$	红棕色
$[Fe(H_2O)_6]^{3+}$	淡紫色	$Cr(OH)_3$	灰绿色

续表

离子	颜色	化合物	颜色
$[Fe(NCS)_n]^{3-n}$	血红色	$AgCl$	白色
$[Co(H_2O)_6]^{2+}$	粉红色	$AgBr$	浅黄色
$[Co(NH_3)_6]^{2+}$	黄色	AgI	黄色
$[Co(NCS)_4]^{2-}$	蓝色	Ag_2CrO_4	砖红色
$[Ni(H_2O)_6]^{2+}$	亮绿色	$BaCrO_4$	浅黄色
$[Ni(NH_3)_6]^{2+}$	蓝色	$PbCrO_4$	黄色
CrO_4^{2-}	黄色	CuI	白色
$Cr_2O_7^{2-}$	橙色	Ag_2S	黑色
$[Cr(H_2O)_6]^{2+}$	天蓝色	CuS	黑色
$[Cr(H_2O)_6]^{3+}$	蓝紫色	MnS	肉色
		NiS	黑色

附录 9　常见化合物的相对分子质量

化合物	相对分子质量	化合物	相对分子质量	化合物	相对分子质量
Ag_3AsO_4	462.52	$BaCrO_4$	253.32	$Ce(SO_4)_2$	332.24
$AgBr$	187.77	BaO	153.33	CH_3COOH	60.05
$AgCl$	143.32	$Ba(OH)_2$	171.34	CH_3COONa	82.03
$AgCN$	133.89	$BaSO_4$	233.39	CH_3COONH_4	77.08
$AgSCN$	165.95	$BiCl_3$	315.34	C_6H_5COOH	122.12
Ag_2CrO_4	331.73	$BiOCl$	260.43	C_6H_5COONa	144.11
AgI	234.77	CO_2	44.01	CCl_4	153.82
$AgNO_3$	169.87	CaO	56.08	$CoCl_2$	129.84
$AlCl_3$	133.34	$CaCl_2$	111.00	$Co(NO_3)_2$	182.94
Al_2O_3	101.96	$CaCO_3$	100.09	CoS	91.00
$Al(OH)_3$	78.00	CaC_2O_4	128.10	$CoSO_4 \cdot 7H_2O$	281.10
$Al_2(SO_4)_3$	342.15	$Ca(NO_3)_2$	164.09	$CO(NH_2)_2$	60.06
As_2O_3	197.84	$Ca(OH)_2$	74.09	$CrCl_3$	158.35
As_2O_5	229.84	$Ca_3(PO_4)_2$	310.18	$Cr(NO_3)_3$	238.01
As_2S_3	246.04	$CaSO_4$	136.14	Cr_2O_3	151.99
$BaCO_3$	197.34	$CdCO_3$	172.42	$CuCl$	99.00
BaC_2O_4	225.35	$CdCl_2$	183.32	$CuCl_2$	134.45
$BaCl_2$	208.24	CdS	144.48	$CuSCN$	121.63

续表

化合物	相对分子质量	化合物	相对分子质量	化合物	相对分子质量
CuI	190.45	H_2O	18.02	KIO_3	214.00
$Cu(NO_3)_2$	187.56	H_2O_2	34.02	$KIO_3 \cdot HIO_3$	389.91
CuO	79.55	H_3PO_4	98.00	$KMnO_4$	158.03
Cu_2O	143.09	H_2S	34.08	KNO_3	101.10
CuS	95.61	H_2SO_3	82.08	KNO_2	85.10
$CuSO_4$	159.61	H_2SO_4	98.08	K_2O	94.20
$FeCl_2$	126.75	$Hg(CN)_2$	252.63	KOH	56.10
$FeCl_3$	162.20	$HgCl_2$	271.50	K_2SO_4	174.26
$Fe(NO_3)_3$	241.86	Hg_2Cl_2	472.09	$MgCO_3$	84.31
FeO	71.84	HgI_2	454.40	$MgCl_2$	95.21
Fe_2O_3	159.69	$Hg_2(NO_3)_2$	525.19	MgC_2O_4	112.33
Fe_3O_4	231.53	$Hg(NO_3)_2$	324.60	$Mg(NO_3)_2 \cdot 6H_2O$	256.41
$Fe(OH)_3$	106.87	HgO	216.59	$MgNH_4PO_4$	137.82
FeS	87.91	HgS	232.66	MgO	40.30
Fe_2S_3	207.87	$HgSO_4$	296.65	$Mg(OH)_2$	58.32
$FeSO_4 \cdot 7H_2O$	278.01	Hg_2SO_4	497.24	$Mg_2P_2O_7 \cdot 3H_2O$	276.60
$Fe_2(SO_4)_3$	399.88	$KAl(SO_4)_2 \cdot 12H_2O$	474.39	$MgSO_4 \cdot 7H_2O$	246.48
$FeSO_4 \cdot (NH_4)_2SO_4 \cdot 6H_2O$	392.13	KBr	119.00	$MnCO_3$	114.95
		$KBrO_3$	167.00	$MnCl_2 \cdot 4H_2O$	197.90
H_3AsO_3	125.94	KCl	74.55	$Mn(NO_3)_2 \cdot 6H_2O$	287.04
H_3AsO_4	141.94	$KClO_3$	122.55	MnO	70.94
H_3BO_3	61.83	$KClO_4$	138.55	MnO_2	86.94
HBr	80.91	KCN	65.12	MnS	87.00
HCN	27.03	$KSCN$	97.18	$MnSO_4$	151.00
$HCOOH$	46.03	K_2CO_3	138.21	NO	30.01
H_2CO_3	62.02	K_2CrO_4	194.19	NO_2	46.01
$H_2C_2O_4$	90.04	$K_2Cr_2O_7$	294.18	NH_3	17.03
$H_2C_2O_4 \cdot 2H_2O$	126.07	$K_3Fe(CN)_6$	329.25	$NH_3 \cdot H_2O$	35.05
$H_2C_4H_4O_6$(酒石酸)	150.09	$K_4Fe(CN)_6$	368.35	NH_4Cl	53.49
HCl	36.46	$KHC_2O_4 \cdot H_2O$	146.14	$(NH_4)_2CO_3$	96.09
$HClO_4$	100.46	$KHC_2O_4 \cdot H_2C_2O_4 \cdot 2H_2O$	254.20	$(NH_4)_2C_2O_4$	124.10
HF	20.01			$NH_4Fe(SO_4)_2 \cdot 12H_2O$	482.19
HI	127.91	$KHC_4H_4O_6$	188.18		
HIO_3	175.91	$KHC_8H_4O_4$(KHP)	204.22	NH_4SCN	76.12
HNO_3	63.01	$KHSO_4$	136.17	NH_4HCO_3	79.06
HNO_2	47.01	KI	166.00	$(NH_4)_2MoO_4$	196.04

续表

化合物	相对分子质量	化合物	相对分子质量	化合物	相对分子质量
NH_4NO_3	80.04	Na_3PO_4	163.94	$SbCl_3$	228.12
$(NH_4)_2HPO_4$	132.06	Na_2S	78.05	$SbCl_5$	299.02
$(NH_4)_2S$	68.14	Na_2SO_3	126.04	Sb_2O_3	291.52
$(NH_4)_2SO_4$	132.14	$Na_2S_2O_3$	158.11	Sb_2S_3	339.72
Na_3AsO_3	191.89	Na_2SO_4	142.04	SiF_4	104.08
$Na_2B_4O_7$	201.22	$NiCl_2 \cdot 6H_2O$	237.69	SiO_2	60.08
$Na_2B_4O_7 \cdot 10H_2O$	381.37	NiO	74.69	$SnCO_3$	178.82
$NaBiO_3$	279.97	$Ni(NO_3)_2 \cdot 6H_2O$	290.79	$SnCl_2$	189.62
$NaBr$	102.89	NiS	90.77	$SnCl_4$	260.52
$NaCN$	49.01	$NiSO_4 \cdot 7H_2O$	280.86	SnO_2	150.71
$NaSCN$	81.07	P_2O_5	141.91	SnS	150.78
Na_2CO_3	105.99	$PbCO_3$	267.20	$SrCO_3$	147.63
$Na_2CO_3 \cdot 10H_2O$	286.14	PbC_2O_4	295.22	SrC_2O_4	175.64
$Na_2C_2O_4$	134.00	$PbCl_2$	278.10	$SrCrO_4$	203.61
$NaCl$	58.44	$PbCrO_4$	323.20	$Sr(NO_3)_2$	211.63
$NaClO$	74.44	$Pb(CH_3COO)_2$	325.30	$SrSO_4$	183.68
NaF	41.99	$Pb(CH_3COO)_2 \cdot 3H_2O$	427.30	$UO_2(CH_3COO)_2 \cdot 2H_2O$	422.13
$NaHCO_3$	84.01				
Na_2HPO_4	141.96	PbI_2	461.00	WO_3	231.84
NaH_2PO_4	120.00	$Pb(NO_3)_2$	331.20	$ZnCO_3$	125.40
$Na_2H_2Y \cdot 2H_2O$	372.24	PbO	223.20	$ZnCl_2$	136.29
NaI	149.89	PbO_2	239.20	$Zn(CH_3COO)_2$	183.48
$NaNO_2$	69.00	$Pb_3(PO_4)_2$	811.54	$Zn(NO_3)_2$	189.40
$NaNO_3$	85.00	PbS	239.30	ZnO	81.39
Na_2O	61.98	$PbSO_4$	303.27	ZnS	97.46
Na_2O_2	77.98	SO_3	80.06	$ZnSO_4$	161.45
$NaOH$	40.00	SO_2	64.06		